江苏高校品牌专业建设工程资助项目 PPZY2015B180

Preparation and Application of Catalysts

催化剂制备与应用

华 丽　黄德奇　主编　张 华　主审

孙岳玲　徐 红　副主编

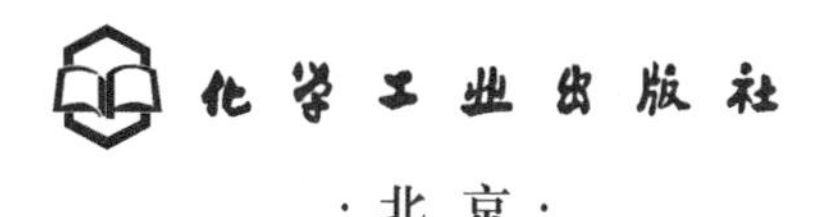

·北 京·

本书一共有8个学习情境，包括催化剂的基础知识、沉淀法制备固体催化剂、浸渍法制备催化剂、混合法及热熔融法制备固体催化剂、离子交换法制备固体催化剂、表征（测试）催化剂、固定床反应器装填催化剂、再生催化剂。本书内容按照任务驱动模式教学法进行编排，符合从布置任务到分析任务再到最终完成任务的实践规律。

本书的宗旨是使读者了解催化剂的一般基础知识，从简单的制备方法中学习了解催化剂制备的一般工序和常用设备以及在化工生产过程中催化剂的装填使用和还原、再生操作。

本书适合高职院校化工及相关专业的学生参考，亦可供化工专业的一线操作人员及从事相关工作的人员学习参考。

图书在版编目（CIP）数据

催化剂制备与应用/华丽，黄德奇主编．—北京：化学工业出版社，2018.12(2025.2重印)

ISBN 978-7-122-33534-0

Ⅰ.①催… Ⅱ.①华…②黄… Ⅲ.①催化剂-制备-教材 Ⅳ.①TQ426.6

中国版本图书馆CIP数据核字（2018）第287464号

责任编辑：蔡洪伟 李 瑾　　装帧设计：韩 飞

责任校对：王鹏飞

出版发行：化学工业出版社（北京市东城区青年湖南街13号 邮政编码100011）

印　　装：北京虎彩文化传播有限公司

787mm×1092mm 1/16 印张6¾ 字数160千字 2025年2月北京第1版第4次印刷

购书咨询：010-64518888　　售后服务：010-64518899

网　　址：http://www.cip.com.cn

凡购买本书，如有缺损质量问题，本社销售中心负责调换。

定　　价：39.00元

前言

催化剂是现代化学工业的基石，催化剂的应用和发展推动了整个化学工业的持续、快速发展。目前，工业上应用的催化剂品种繁多，制备工艺各异，应用领域和方向也众多。《催化剂制备与应用》主要针对化工类高职高专学生，旨在让学生掌握化工生产过程中催化剂的制备和应用所需的基础知识和技能。通过理论指导实践操作和理论学习培养学生分析、解决实际问题的能力，提高化工专业学生的职业素质，为从事化工生产的学生打下职业基础，从而提高化工类专业学生的岗位综合职业能力。

本教材依据化工生产一线操控岗位人员必须具备的能力要求，学习常见固体催化剂组成，催化剂作用以及常见固体催化剂制备方法，学习催化剂在化工生产过程中的作用。以催化剂的制备和应用的工作过程所需要的岗位职业能力为依据，采用循序渐进与典型项目相结合的方式来展现教学内容，让学生在任务完成过程中掌握常见固体催化剂制备方法、表征手段，培养学生初步具备化工生产催化剂使用方面的专业技能。

为了实现课程的能力目标，本教材所设置的学习情境主要来源于典型化工产品的生产过程中所涉及的工业催化剂的主要制备方法、生产过程以及应用技术，全面介绍了沉淀法、浸渍法、混合法、热熔融法、离子交换法等常见固体催化剂的制备方法以及固体催化剂在工业生产过程中常见的装填、失活、再生等相关使用技术。

目前，有关催化剂的制备与应用方面的书籍大多适合研究生、本科生以及从事催化剂制备和性能测试应用方面的人员，其中涉及复杂的吸附理论和晶体结构等基础理论，还有催化剂制备筛选方面的经验和通用规则以及催化剂表征设备和原理等基础知识。对于绝大部分高职高专学生而言，由于其专业基础薄弱，很难理解和接受这些系统的理论知识；而他们将来更多的是从事化工生产一线操作等岗位，需要知道催化剂相关的一些基础知识，熟悉催化剂一般制备工序以及催化剂在化工生产应用过程中的装填、活化、再生等操作。因此本书并未涉及高深的催化理论知识，以具体案例分析入手，浅显易懂，适合化工类高职高专学生学习催化剂制备、表征及应用等相关理论知识，也可供化工专业的一线操作人员、市场营销人员学习参考。

本书由扬州工业职业技术学院华丽、黄德奇主编，其中华丽编写学习情境1、学习情境2、学习情境5～学习情境8，孙岳玲编写了学习情境3，徐红编写了学习情境4，黄德奇负责统稿和修改工作。本书承蒙张华负责主审，提出了诸多宝贵修改意见。本书的编写还得到了江苏扬农化工集团有限公司的高级工程师郭伟群、余寿红和江苏扬州石油化工有限公司的高级工程师潘小强的大力支持和指导，在此一并表示诚挚的谢意！

由于编者水平有限，书中疏漏之处在所难免，敬请专家及读者批评指正。

编者

2018 年 10 月

目录

学习情境 1

催化剂的基础知识

【知识目标】

1. 能理解催化作用的概念和一般催化剂的基本特性。
2. 能描述催化剂的一般组成。

【能力目标】

1. 能判断一般催化剂的组成并分析各组分的作用。
2. 能表达催化剂在具体反应过程中的作用。

催化剂在现代化学工业中占有极其重要的地位，许多化工过程若不采用催化剂，其化学反应速率就非常慢，或根本无法进行工业生产。据统计，现代化学工业生产中，有80%以上的生产过程都使用催化剂（如氨、硫酸、硝酸的合成，乙烯、丙烯、苯乙烯等的聚合，石油、天然气、煤的综合利用等），可以说，催化剂是现代化学工业的基础。使用催化剂的目的是加快反应速率，提高生产效率。在资源利用、能源开发、医药制造、环境保护等领域，催化剂也大有作为，科研工作者正在这些领域开发适宜的催化剂以期有新的突破。

许多石油化工行业的生产过程都离不开催化剂，石油化工产品都是通过催化反应获得的。我国已是世界炼油大国，石油化工行业发展迅猛，对催化剂的需求量也日益增加，国产催化剂的品种也日益增多。

一、催化剂和催化作用

催化剂在工业上又称为触媒，是一类能改变化学反应速度且在反应中自身并不消耗的物质。中学化学教材对于催化剂的定义是：在化学反应里能改变（加快或减慢）其他物质的化学反应速率，而本身的质量和化学性质在反应前后（反应过程中会改变）都没有发生变化的物质叫催化剂。其物理性质可能会发生改变，例如二氧化锰（MnO_2）在催化氯酸钾（$KClO_3$）生成氯化钾（KCl）和氧气（O_2）的反应前后由块状变为粉末状。IUPAC（International Union of Pure and Applied Chemistry，国际纯粹与应用化学联合会）给出的定义是：催化剂是一种物质，它能够加速反应的速度而不改变反应的吉布斯自由焓变化，这种作用称为催化作用。

催化剂能够使反应按新的途径，通过一系列基元步骤进行，催化剂是其中的第一步反应物也是最后一步产物，催化作用是一种化学作用（如图 1-1 所示）。

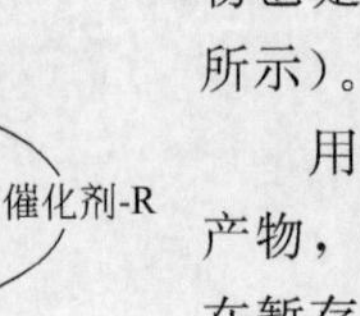

图 1-1　催化反应循环图

用最简单的假设循环表示催化反应，R 表示反应物，P 表示产物，催化剂-R 表示催化反应的中间物种，催化剂参与反应，在暂存的中间物种解体后又重新得到催化剂以及产物。以水煤气变换反应为例，在催化剂的参与下，它的反应历程如下：

$$H_2O + * \longrightarrow H_2 + O^*$$
$$O^* + CO \longrightarrow CO_2 + *$$

两步相加结果等于水煤气变换反应方程式：$H_2O + CO \longrightarrow H_2 + CO_2$

* 表示催化剂的活性位。将此反应原理和产物对应于图 1-1，通过该示意图可以帮助理解：催化剂参与了反应，最终又恢复到原始状态。

进一步理解有催化剂参与的化学反应：在催化反应中，催化剂与反应物发生化学作用，改变了反应途径，从而降低了反应的活化能，这是催化剂得以提高反应速率的原因。活化能表示一个化学反应发生所需要的最小能量。反应的活化能通常用 E_a 表示，单位为 kJ/mol。

活化能表示势垒（有时称为能垒）的高度。活化能的大小可以反映化学反应发生的难易程度。

例如化学反应（1）$A + B \longrightarrow AB$，所需活化能为 E_a，加入催化剂 C 后，该反应分两步进行，记为反应（2）：

$$A + C \longrightarrow AC$$
$$AC + B \longrightarrow AB + C$$

反应（2）中两步反应的活化能均比反应（1）中反应活化能 E_a 值要小得多，如图 1-2 所示。由阿伦尼乌斯公式 $k = Ae^{-E_a/(RT)}$（式中，k 为反应速率常数；A 为指前因子；E_a 为表观活化能；R 为摩尔气体常数；T 为反应温度）可知，在反应温度一定的情况下，由于催化剂参与反应使得反应活化能的值减小，从而使反应速率常数增加，即表现为反应速率的提高。如图 1-2 所示。

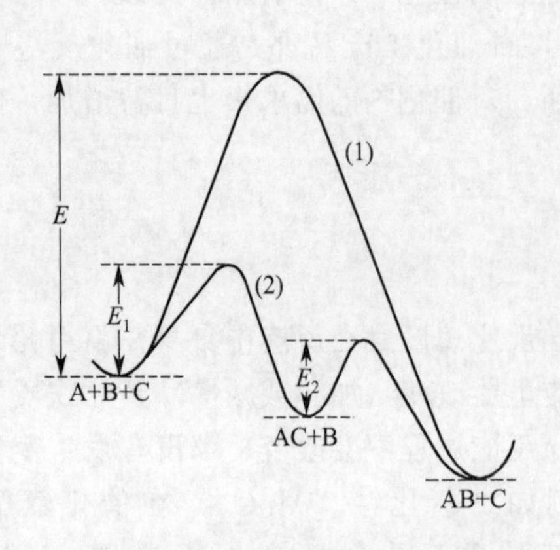

图 1-2　催化反应活化能变化示意图

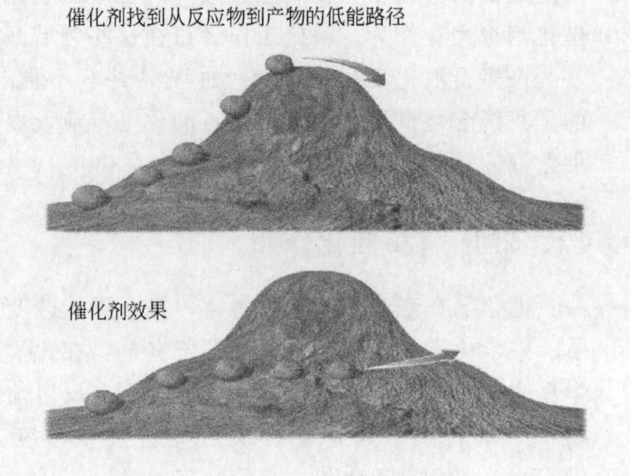

图 1-3　催化本质示意图

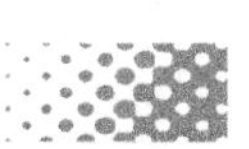

例如，石油馏分热裂化反应活化能约为210～293kJ/mol，而催化裂化（FCC）（流化催化裂化）工艺反应活化能降至42～125kJ/mol，这是因为在该工艺中使用了催化剂，催化剂参与了裂化反应，使活化能显著降低，从而大大提高了裂化反应速率。可以这样理解，催化剂之所以能够加速化学反应使之趋于热力学的平衡点，源于它为反应物分子提供了一条容易进行的化学反应途径。

因此，总结催化本质如下：催化剂之所以具有催化活性，是由于它能够降低所催化反应的活化能，而催化剂之所以能够降低所催化反应的活化能则是由于在催化剂的存在下，改变了非催化反应的历程。换言之，因为催化剂的存在改变了非催化反应的历程，所以降低了所催化反应的活化能；降低了反应的活化能才显示出高的催化活性。

在催化反应中，催化剂与反应物发生化学作用，催化剂找到了从反应物到产物的低能路径，改变了反应路径，从而降低了反应的活化能（如图1-3所示）。

【注意】 催化剂是具有物体形态的物质，如金属、氧化物、某些气体、配位化合物、生物酶等，它们所起的作用是化学作用。光、电、热以及磁场等物理因素，虽然有时也能引发并加速化学反应，但这种速度加快是由于能量的转移过程加快而造成的，故其所起的作用一般不能称为催化作用。例如，某些离子之间的反应常常因加入盐而加速，因为盐改变了介质的离子强度，但盐本身并未参加反应，故不能视加入的盐为催化剂。催化剂与引发剂应加以区分，引发剂与催化剂相似之处是通常用量少，能加速化学反应，所起的作用也是化学作用；二者的不同之处在于引发剂在聚合反应中被完全消耗了，例如苯乙烯聚合中所用的二叔丁基过氧化物作为引发剂，它在聚合反应过程中完全消耗了，所以引发剂也不能称为催化剂。

二、催化剂的基本特征

前人根据催化剂的概念和催化作用的研究概括出以下常见的关于催化剂的几条重要基本特征。

（1）催化剂能够加快化学反应速率，但本身并不进入化学反应的计量。

加快反应速率是所有催化剂的共同特性，也是催化剂的关键特征。催化剂参加反应，但不影响总的化学计量方程式，它的用量和反应产物的用量之间也没有计量关系。由于催化剂在参与反应的中间过程后又恢复到原来的化学状态而循环起作用，所以一定量的催化剂可以促进大量反应物发生反应，生成大量产物。当催化剂用量不大时，在相同的反应条件下，反应速率与催化剂的用量成正比；在均相反应中，反应速率则与催化剂的浓度成正比。

（2）催化剂对反应具有选择性，即催化剂对反应类型、反应方向和产物结构具有选择性。

一方面，对于不同反应所用的催化剂是不相同的，例如淀粉的氧化反应用$NaClO_2$作氧化剂时，Ni^{2+}、Fe^{2+}、Cu^{2+}等催化剂的催化效果较好；若用H_2O_2作氧化剂时，Fe^{2+}、Mn^{2+}等催化剂的催化效果较好，而Ni^{2+}、Cu^{2+}、Co^{2+}等的催化效果较差；当用$KMnO_4$作氧化剂时，其自身反应产生的Mn^{2+}即可用作反应的催化剂，且催化效果较好，但Fe^{2+}、Ni^{2+}、Cu^{2+}等均无催化作用。

另一方面，对于同一反应，不同催化剂的催化效果也不尽相同，例如聚乙烯醇缩甲醛化反应，一般以酸作为催化剂，不同种类酸的催化效果高低顺序依次为盐酸（HCl）＞硫酸

(H_2SO_4)＞磷酸(H_3PO_4)。同是苯酚与甲醛反应合成酚醛树脂，使用氢氧化钠、氢氧化钡、盐酸、氨水、草酸、醋酸、甲酸、硫酸、磷酸、氧化镁、氧化锌等作催化剂时，其产品性能都有所不同。

(3) 催化剂只能加速热力学上可能进行的化学反应，而不能实现热力学上无法进行的反应。

催化剂只能加速一个或几个热力学可行的反应，而不能实现热力学上无法进行的反应。100 多年前，哈伯在从事由氮气和氢气合成氨的试验时，首先进行了计算，算出在压力为20MPa、温度为 600℃的条件下可得到转化率为 8%的 NH_3；于是朝着正确的计算结果努力进行实验，终于在 1913 年实现合成氨工业化。因此在寻找某一反应的催化剂时，要尽可能根据热力学的原则，估算一下某反应在该条件下是否可能发生。例如在常温常压下，无其他外加功的情况下，水是不能分解生成氢气和氧气的，因而也就不存在任何能加快该分解反应的催化剂。值得注意并应加以区分的是，目前苏州大学康振辉教授研究的光催化剂分解水，是采用碳纳米点-氮化碳纳米复合物。该催化剂由碳和氮两种元素组成，整个光催化分解水的过程分为两个阶段：①氮化碳分解水生成过氧化氢和氢气；②碳纳米点将过氧化氢分解成水和氧气。这种光分解水的过程不是水直接分解为氢气和氧气。

(4) 催化剂只能改变化学反应的速率，而不能改变化学平衡的位置。

以乙苯脱氢制苯乙烯为例，在 600℃常压条件下，乙苯与水蒸气的摩尔比为 1∶9 时，按平衡常数计算，达到平衡后苯乙烯的最大产率为 72.3%，这是平衡产率，是热力学所能达到的反应限度。为了尽可能实现此产率，可选择活性较高的催化剂来加速该反应速率。但在上述反应条件下，若想用催化剂使苯乙烯产率超过 72.3%是不可能的。催化剂只能缩短到达平衡产率的反应时间，即不改变化学平衡的位置，只改变反应速率。

(5) 催化剂不改变化学平衡意味着对正方向有效的催化剂对反方向也同样有效。

根据 $K_p = K_{正}/K_{逆}$ 可知，由于催化剂是不能改变化学反应的平衡常数的，因此催化剂肯定是以相同的比例加速正、逆反应的速率常数的。这一推论具有重要意义，对于可逆反应，能催化正向反应的催化剂，就应该能同时催化逆向反应。例如，脱氢反应的催化剂同时也是加氢反应的催化剂，水合反应的催化剂同时也是脱水反应的催化剂。此特征对选择催化剂具有重要意义。

三、催化剂的分类

催化剂种类繁多，为了研究、生产以及应用的方便，常从不同角度对催化剂进行分类。本书只对最常见的几种分类方法进行举例说明。

1. 按照聚集状态分类

催化剂及反应物都可以是固体、液体、气体这三种不同的聚集态，当催化剂和反应物形成均一的相态时，这种催化反应称为均相催化；所谓均相反应是指所有参加反应的物质均处于同一相内的化学反应，它不存在相间传质。尽管在反应体系的不同空间位置上物料浓度可能有相当大的差异，但就其中的任意一个微元体积而言，反应物、反应产物、溶剂和催化剂都可被认为是均匀分布的。若是反应体系为均一的气相，则该反应称为气相均相反应，如低级烃的热裂解反应；若反应体系是均一的液相，则该反应称为液相均相反应，如酸碱中和反应。均相催化大多在液相中进行。均相催化剂的活性中心比较均一，选择性较高，副反应较

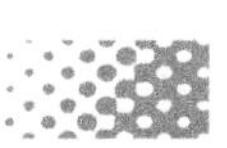

少，但催化剂难以分离、回收和再生。

当催化剂和反应物处于不同相时，反应称为多相催化反应。通常催化剂为多孔固体，反应物为液体或气体。目前，工业中使用的催化反应大多属于多相催化。例如催化裂化、催化重整、催化加氢、脱氢、氨的合成、接触法制取 H_2SO_4 等，都是气固相的催化反应。多相反应一般指在多相物系的各相间进行的化学反应，通常在两相的界面上进行。常见的多相催化反应有以下几种：①气-固相反应，如工业上的碳和水蒸气作用制取一氧化碳和氢气、乙烯氧化制环氧乙烷、氨的合成等；②液-固相反应，如油脂加氢反应；③气-液-固多相反应，如蒽醌法制取过氧化氢的氢化工序，在钯催化剂的作用下，蒽醌和氢气在催化剂上发生氢化反应生成氢蒽醌；④气-液相反应，如乙烯和氧气处在液相催化剂（$PdCl_2+CuCl_2$）的作用下反应合成乙醛，但是由于反应是在液相中进行，通常认为该反应为均相反应。按聚集状态对催化剂进行分类往往不能客观反映催化剂的作用本质和内在联系，故常和其他分类方法一起使用。

2. 按照催化剂组成及使用功能分类

这种分类方法一般是根据实验结果和工业应用结果，以大量实际数据为基础信息进行分类的。这种分类方法使用简单、方便，在工业应用和科学研究等方面便于参考和比较（如表1-1所示）。

表 1-1 催化剂的组成及使用功能

类别	功能	例子
金属	加氢、脱氢、加氢裂解	Fe,Ni,Pt,Pd,Ag
半导体氧化物和硫化物	氧化脱氢、脱硫	NiO,ZnO,MnO_2,CrO_3,WS_2
绝缘性氧化物	脱水	Al_2O_3,MgO
酸	聚合、异构化、裂化、烷基化	H_3PO_4,H_2SO_4

催化剂按照工业应用范围可分为石油炼制催化剂、无机化工催化剂、有机化工催化剂、环境保护催化剂等。常见的石油炼制催化剂有催化裂化催化剂、催化重整催化剂、加氢裂化催化剂、加氢精制催化剂、烷基化催化剂、异构催化剂等；常见的无机催化剂有加氢脱硫、硫回收催化剂，天然气转化、炼厂气转化、轻油转化催化剂，合成气甲烷化、城市燃气甲烷化催化剂，氨合成、氨分解催化剂，正、仲氢转化催化剂，硫酸生产、硝酸生产催化剂等；常见的有机化工催化剂有加氢、脱氢催化剂，气相、液相氧化、氨氧化催化剂，氧氯化催化剂，一氧化碳和氢气合成醇、费托合成催化剂，酸催化的水合、脱水、烷基化催化剂，烯烃的低聚、聚合、歧化、加成催化剂等；常见的环境保护催化剂有硝酸尾气处理催化剂、内燃机排气处理催化剂、制氮催化剂、纯化-脱痕量氧或氢催化剂等。

可见催化剂分类在不同应用场合是可以交叉使用的，都是为阐述清楚该催化剂的功能、催化机理、催化作用等服务的。

3. 按照催化剂作用机理分类

（1）氧化还原催化剂

它是一种对氧化还原反应起催化作用的催化剂。氧化还原反应包括加氢-脱氢、氢交换（歧化作用）、加氢裂解、氧化脱氢、氧化、燃烧等。氧化还原反应用的活泼催化剂，其组成可能各不相同，但它们有一个共同的性质，那就是这些催化剂的组成中至少会有一种位于周期表中部的元素，即在 d 副层有未充满电子的元素，或含有 f 副层尚未充满电子的稀土元素，对某些氧化还原反应也具有较高活性。

（2）酸碱催化剂

它是一类因物质的酸碱性质而起催化作用的催化剂。具体可分为液体酸碱催化剂和固体酸碱催化剂，前者多用于液相催化反应体系。若催化剂在溶液状态中使用，其催化活性有时与溶剂的性质有关。多数液体酸碱催化剂为化学药剂或由用户自行配制而成的溶液，它们常有腐蚀性，在储运时必须注意。使用液体酸碱催化剂，在其反应终了时，要将催化剂与反应混合物分离开来。而用固体酸碱催化剂时，流体反应物与固体催化剂各自成相，不存在催化剂分离问题，生产工艺相对简单。多数固体酸碱催化剂为催化剂工业产品，最广泛使用的是固体酸催化剂。

酸碱催化剂种类繁多，可按酸碱的性质分为两大类：一类为质子酸碱（亦称布朗斯特德酸碱，简称 B-酸、B-碱）催化剂，能释放出氢质子的物质为 B-酸催化剂，能接受氢质子的物质为 B-碱催化剂；另一类为路易斯酸碱（简称 L-酸、L-碱）催化剂，其中能接受电子对的物质为 L-酸催化剂，能给予电子对的物质为 L-碱催化剂。具体请参考王桂茹主编《催化剂与催化作用》。

这类催化反应有如下特点。

① 酸位的性质与催化作用的关系：不同反应类型，对酸催化剂的酸位性质和强度的要求也不同。大多数的酸催化反应是在 B-酸位上进行的，单独的 L-酸位不显活性，与 B-酸位存在协同效应。

② 酸强度与催化活性和选择性有一定的关系。固体酸催化剂表面分布着不同强度的酸性位（弱酸性位、中等强度酸性位以及强酸性位），其数量各不相同。对于同一反应而言，催化剂表面酸性位的酸强度不同，其催化活性亦不相同，其催化反应产物分布亦不相同。一般而言，表面含有较多数量强酸性位的酸催化剂，其催化活性也相对较高。

③ 酸量（酸浓度）与催化活性的关系：催化活性与酸量之间存在线性或非线性的关系。

（3）配位催化剂

配位催化作用一词首先由 G. 纳塔于 1957 年提出，先后开发出了 α-烯烃定向聚合用的齐格勒-纳塔催化剂和乙烯控制氧化用的钯-铜盐等催化剂。20 世纪 60 年代，研究人员通过应用高分子载体或无机载体，使均相催化作用“多相化”。配位场理论和分子轨道能级图，使配位催化作用在理论上也有了发展。

4. 按工艺与工程特点分类

根据催化剂的组成结构、性能差异和工艺工程特点来分类，一般分为多相固体催化剂、均相催化剂、酶三大类。

多相固体催化剂是目前石油化工等行业上使用最多的催化剂，尤其以气固相催化剂和液固相催化剂使用比例较高。这类催化剂主要含有金属、金属氧化物或硫化物、复合氧化物、固体酸、固体碱、盐等，以无机物居多。

均相催化剂包括液体酸、碱催化剂，可溶性过渡金属化合物（盐类和配合物）等。均相催化剂以分子或离子独立起作用，活性中心均一，具有高活性和高选择性。均相催化剂的工业应用较多相催化剂的要晚。例如 1959 年铂催化剂用于乙烯氧化制乙醛，之后在石油化工

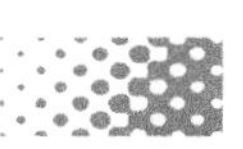

中得到广泛应用。又如丙烯氧化制丙酮、丁烯氧化制甲乙酮、乙烯转化为丙烯、乙烯和氯气反应制氯乙烯等。除氯化钯外，醋酸钯、硝酸钯、有机钯配合物都可作为均相催化剂。

酶是一种生物催化剂，生物体内的所有化学变化几乎都是在酶催化下进行的，酶的催化作用称为生物催化。酶的催化活性高，选择性强。生物催化在常温中性条件下进行，高温、强酸和强碱都会使酶丧失活性。离体的酶仍具有催化活性，可制成各种酶制剂应用于医学和工农业生产上。本书中对此不作过多介绍，详细内容请参考泰永宁主编的《生物催化剂　酶催化手册》。

四、催化剂的化学组成

工业上使用最多的催化剂是多相固体催化剂，尤其以气固相催化剂使用比例较高。这类催化剂一般不是单一物质，而是由多种单质或化合物组成的混合体，各种组分按照作用不同可分为主催化剂、共催化剂、助催化剂、载体等。

（一）多相固体催化剂

1. 主催化剂（活性组分）

主催化剂是催化剂的核心，是起催化作用的根本性物质。没有主催化剂，催化剂就不存在催化作用，就显示不出催化活性或难以进行所需要的催化反应。

【例1-1】 乙烯氧化制环氧乙烷反应中，将银负载于 Al_2O_3，制得的催化剂是比较有效的催化剂，没有银，只有 Al_2O_3，乙烯氧化为环氧乙烷的反应并不进行，因此银是活性组分，是主催化剂。

【例1-2】 合成氨催化剂 $Fe\text{-}K_2O\text{-}Al_2O_3/C$ 中，无论有无 K_2O、Al_2O_3，Fe 总是有催化作用的，只是活性较低、寿命较短。如果没有 Fe，催化剂就一点活性也没有，因此 Fe 是合成氨催化剂的活性组分。

2. 共催化剂

共催化剂是指和主催化剂同时起催化作用的物质，二者缺一不可。两者单独使用，活性都很低，但组合起来却表现出很高的催化活性，所以称它们为共催化剂。

如脱氢催化剂 $Cr_2O_3\text{-}Al_2O_3$，Cr_2O_3 单独存在时就有较高的活性，而 Al_2O_3 单独存在时，其催化活性很小，因此，Cr_2O_3 是主催化剂，Al_2O_3 则是共催化剂。

3. 助催化剂

助催化剂是催化剂中具有提高主催化剂活性、选择性，改善催化剂的耐热性、抗毒性、机械强度和寿命等性能的组分。它是通过改变催化剂的化学组成、化学结构、离子状态、酸碱性、晶格结构、表面结构、孔结构、分散状态、机械强度等来提高催化剂的性能的。

助催化剂是加到催化剂中的少量物质（$<5\%\sim10\%$），是催化剂的辅助成分，一般本身没有催化活性或活性很小。助催化剂具有提高主催化剂的活性、选择性，稳定性和寿命的作用。

按照助催化剂作用机理的不同可分为以下三类：

① 结构型助催化剂：通过对载体和活性组分的结构作用，提高活性组分的分散性和稳

定性。

能起结构稳定作用的助催化剂，多为熔点较高、难还原的金属氧化物。例如氨合成用的 Fe 催化剂，通过加入少量的 Al_2O_3，使其活性和寿命大大延长。原因是 Al_2O_3 与活性 Fe 形成了固熔体，有效阻止了 Fe 的烧结。

② 电子型助催化剂：通过改变催化剂的电子结构，促进催化剂的选择性。

氨合成用的铁催化剂中，K_2O 是电子型助催化剂，能使催化反应活化能降低。

③ 晶格缺陷型助催化剂：使活性物质晶面的原子排列无序化，增大晶格缺陷浓度来提高催化剂的活性。

4. 载体

载体是固体催化剂所特有的组分，起增大表面积、提高耐热性和机械强度的作用，有时还承担共催化剂或助催化剂的角色。与助催化剂不同，载体在催化剂中的含量远大于助催化剂的含量。

载体能使制成的催化剂具有合适的形状、尺寸和机械强度，以符合工业反应器的操作要求。载体可使活性组分分散在载体表面上，获得较大的比表面积，提高单位质量活性组分的催化效率。如，将铂负载于活性炭上，若用分子筛为载体，金属铂可达到接近于原子级的分散度。载体还可阻止活性组分在使用过程中烧结，提高催化剂的耐热性。对于某些强放热反应，载体使催化剂中的活性组分稀释，以满足热平衡要求；具有良好热导率的载体，如金属、碳化硅等，有助于移去反应热，避免催化剂表面局部过热。载体还可将某些原来用于均相反应中的催化剂负载于固体载体上制成固体催化剂，如磷酸吸附在硅藻土上制成的固体酸催化剂，酶负载于载体上制成的固定化酶催化剂。常用的催化剂载体有氧化铝载体、硅胶载体、活性炭载体以及某些天然产物如沸石、硅藻土等。图 1-4 显示的是一些工业上常见的不同形状的催化剂载体。

(a) 活性氧化铝载体

(b) 蜂窝陶瓷催化剂载体

(c) (三孔)滑石瓷催化剂载体

图 1-4　催化剂载体外观图

【例 1-3】 汽车尾气三元催化剂，用于对汽车尾气在排放前进行催化转化，同时对 CO，HC（碳氢化合物），NO_x 分别进行氧化还原反应，将有害气体还原为对人体健康无害的二氧化碳（CO_2）、氮气（N_2）和水蒸气（H_2O）（图 1-5）。三元催化剂主要由活性组分、载体、涂层和助催化剂 4 部分组成。涂层附着于载体表面，提供大比表面积来附着贵金属或其他催化成分的良好催化环境（图 1-6）。涂层材料通常采用氧化铝（γ-Al_2O_3），因其具有很强的吸附能力和较大的比表面积，但高于 1000℃ 时不稳定，会相变成比表面积很小的 α-Al_2O_3，从而使催化剂活性下降。为了防止 γ-Al_2O_3 高温劣化，通常加入 Ce、La、Ba、

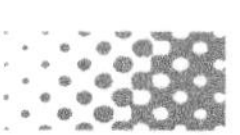

Sr、Zr 等稀土元素或碱土元素氧化物作为助剂。

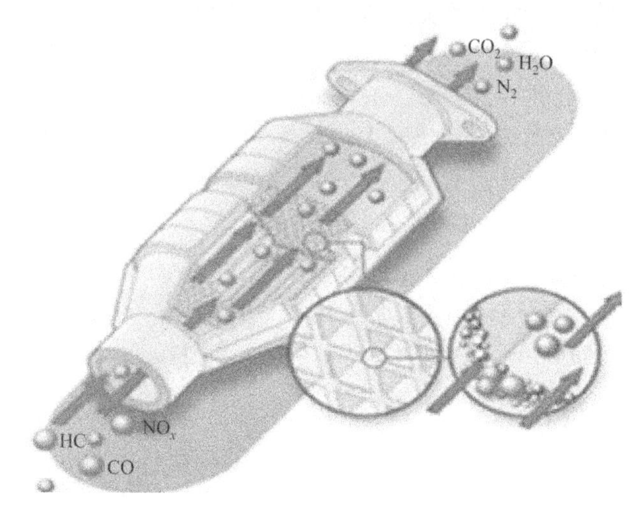

图 1-5　汽车尾气三元催化剂工作原理图

载体性能的好坏直接影响催化剂的活性和使用寿命。优秀的车用催化剂载体应具有如下特点。①具有足够的机械强度：载体工作时要承受调整气流的热冲击以及路面不平整和气缸振动引起的剧烈震动。②足够的耐热性：以适应汽车发动机较宽的排气温度范围。③合适的孔隙结构或开孔率。④低的热容量和高的导热率。载体材料的热容量低、热导率高可使其达到催化反应所需温度的时间缩短，提高催化剂的转化效率。⑤较大的比表面积。催化剂的有效活性成分多为贵金属且都分布在载体表面上，载体比表面积大，活性成分分布均匀，有利于提高活性成分的利用率，降低成本。⑥不含可使催化剂中毒的物质，且不能与催化剂发生相互作用而影响催化剂的催化作用。⑦适当的吸水率，相对低廉的价格。

图 1-6　汽车尾气三元催化剂载体

目前，车用催化转化器的催化剂载体基本上是整体式的。整体式载体由许多薄壁的平行小通道构成，其气流阻力小、几何表面积大、无磨损、耐高温、催化转化率高。目前 95% 的汽车催化剂载体使用整体蜂窝状堇青石陶瓷（$2MgO \cdot 2Al_2O_3 \cdot 5SiO_2$），其原材料易得、费用较低且性能出色。

5. 其他（稳定剂和抑制剂）

（1）稳定剂

稳定剂的作用：从晶体结构的角度考虑，导致结晶表面积减少的主要因素是相邻的较小晶体的扩散、聚集而引起晶体长大，像金属或金属氧化物一类简单的固体，如果它们是以细小的结晶形式存在，特别容易烧结。有鉴于此，当催化剂中活性组分是一种熔点较低的金属时，通常还应含有很多耐火材料的结晶，后者起着“间隔体”的作用。常用的稳定剂有氧化铝、氧化镁、氧化锆等。

(2) 抑制剂

如果在主催化剂中添加少量的物质，能使前者的催化活性适当降低，甚至在必要时大幅度下降，则这种少量的物质称为抑制剂。

抑制剂与助催化剂的作用正好相反。有时催化剂活性过高对反应反而不利，比如催化活性过高会影响反应器散热从而导致催化剂床层“飞温”现象，或者导致副反应加剧、选择性下降甚至引起催化剂积炭失活。适时向催化剂中添加某些抑制剂，可使工业催化剂的诸性能达到均衡匹配，整体优化的目的。

负载型催化剂的一般表示方法如下。

① 用“/”来区分载体与活性组分。如：Ru/Al_2O_3，Pt/Al_2O_3，Pd/SiO_2，Au/C。

② 用“-”来区分各活性组分及助剂。如：$Pt\text{-}Sn/Al_2O_3$，$Fe\text{-}Al_2O_3\text{-}K_2O$。

(二) 均相配合物催化剂

均相配合物催化常用于液相反应，在发生催化反应的物料中，不论是反应原料还是催化剂，它们都溶于反应介质中，且是以独立的分子形态分散的。均相配合物催化剂的化学组成一般由中心金属 M 和环绕在其周围的许多其他离子或中性分子（配位体）组成。配位体通常是含有两个或者两个以上孤对电子或 π 键的分子或离子，例如，Cl^-、Br^-、CN^-、H_2O、NH_3、C_2H_4、$(C_6H_5)_3P$ 等。配合物催化剂的中心金属 M 多采用 d 轨道未填满电子的过渡金属，如 Fe、Co、Ni、Ru、Zr、Ti、V、Cr、Hf 等。

例如，铑配合物作为均相催化剂被应用于化工行业，促进了均相配合催化工艺的发展。铑基配合物催化剂是一种复合型配合物催化剂，它主要由羰基铑与三苯基膦、三苯氧基膦或三丁基膦复配而成。该催化剂被广泛应用于丙烯羰化制丁醇及辛醇、甲醇羰基化制醋酸等工业生产中。

均相配合物催化剂的缺点是催化剂分离回收困难，需要使用稀有贵重金属，热稳定性差及对反应器腐蚀严重。

无论是多相固体催化剂还是均相配合物催化剂，它们共同的特征是与对应的非催化反应相比，催化反应的速度加快，这也是所有催化剂的共同特征。另外，在不参与最终产物但参与中间过程的循环而起作用这一点上，二者的作用是相同的。

学习情境 2

沉淀法制备固体催化剂

【知识目标】

1. 学习沉淀法制备催化剂的一般工序。
2. 学习并理解沉淀法制备催化剂的影响因素以及陈化的作用。

【能力目标】

1. 能利用沉淀法制备简单催化剂或载体。
2. 能根据实验要求选择合适沉淀剂，控制沉淀影响因素完成沉淀、陈化、洗涤、干燥及焙烧等操作。
3. 能利用催化剂成型设备完成对常见固体催化剂的成型。

一、沉淀法简述

沉淀法是以沉淀操作作为其关键和特殊步骤的制备方法，是制备固体催化剂最常见的方法之一，广泛应用于制备高含量的非贵金属、金属氧化物、金属盐催化剂或催化剂载体。常用的沉淀方法有单组分沉淀法、多组分共沉淀法、均匀共沉淀法、浸渍沉淀法和导晶沉淀法等。

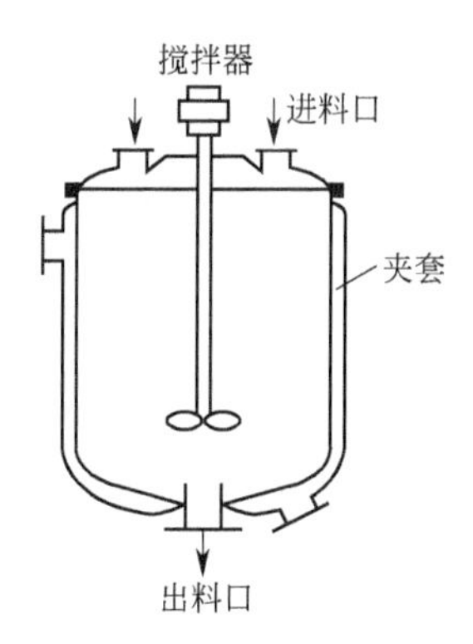

图 2-1 搅拌釜式反应器示意图

沉淀法的一般操作：在搅拌的情况下把碱性物质（沉淀剂）加入金属盐类的水溶液中，再将生成的沉淀物洗涤、过滤、干燥、焙烧，制得所需要的催化剂粉状前驱物。

沉淀法的关键设备一般是带搅拌的釜式反应器，其结构如图 2-1 所示。

（一）沉淀的类型

沉淀按其物理性质不同，可粗略分成两类：晶形沉淀和无定形沉淀（又称为非晶形沉淀或胶状沉淀）。硫酸钡（$BaSO_4$）是典型的晶形沉淀，其他的还包括 $MgNH_4PO_4$、$CaC_2O_4 \cdot 2H_2O$、$PbSO_4$ 等，其颗粒直径约为 0.1～1μm。晶形沉淀内部排列较规则，结构紧密，整个沉淀所占体积较小，颗粒较大，易于沉降于容器底部和过滤。$Fe_2O_3 \cdot nH_2O$ 是典型的非晶形沉淀，其他的还包括 ZnS、$Al_2O_3 \cdot nH_2O$[$Al(OH)_3$]，其颗粒直径一般小于 0.02μm。非晶形沉淀由许多聚集在一起的微小沉淀颗粒组成，颗粒很小，没有明显的晶格，排列杂乱无章，结构疏松，体积庞大（有时又包含大量数目的 H_2O，所以是疏松的絮状沉淀），易吸附杂质，难以过滤，也难以洗涤干净。介于晶形沉淀与无定形沉淀之间的为凝乳状沉淀，颗粒大小一般为 0.02～0.1μm，如 AgCl 沉淀。

例如，实验室使用硫酸铜溶液与氢氧化钠溶液混合过滤制取硫酸钠和氢氧化铜，所产生的蓝色絮状沉淀即为非晶形沉淀，如图 2-2 所示。

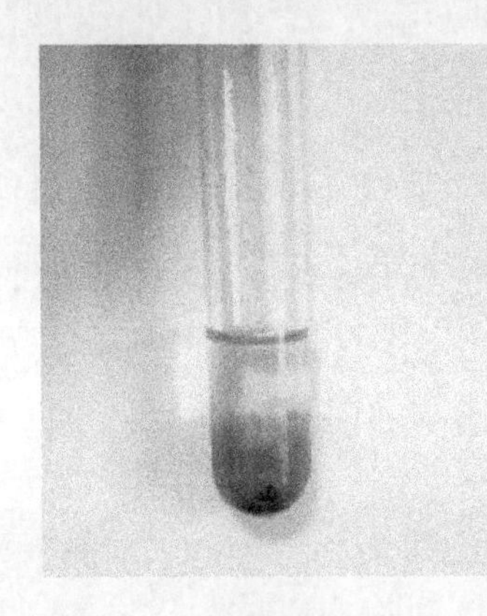

图 2-2　氢氧化铜沉淀

（二）沉淀的形成

沉淀过程中，首先是构晶离子在过饱和溶液中形成晶核，然后进一步成长为按一定晶格排列的晶形沉淀。

1. 晶核的形成

晶核的形成有均相成核和异相成核两种情况。

（1）均相成核

均相成核是由构晶离子互相缔合而成的晶核。如硫酸钡沉淀的晶核是 Ba^{2+} 与 SO_4^{2-} 缔合，形成 $BaSO_4$、$(Ba_2SO_4)^{2+}$ 和 $[Ba(SO_4)_2]^{2+}$ 等多聚体。这些是结晶体的胚芽。

形成晶核的基本条件是溶液必须处于过饱和状态，即形成晶核时溶液的浓度 Q 要大于该物质的溶解度 S。

（2）异相成核

溶液中存在微细的其他颗粒，如尘埃、杂质等微粒，在沉淀过程中，它们起着晶核的作用，诱导沉淀形成。此即为异相成核。

2. 聚集与定向过程

在形成晶核后，溶液的构晶离子不断向晶核表面扩散，并沉积在晶核表面，使晶核逐渐长大成为沉淀的微粒，沉淀微粒又可聚集为更大的聚集体，此过程称为聚集过程。

在聚集过程的同时，构晶离子按一定的晶格排列而形成晶体，此过程称为定向过程。沉淀类型与聚集过程和定向过程的速度有关。如果聚集速率大于定向速率，晶体未能定向排列，就堆聚在一起，因而得到的是无定形沉淀。如果定向速率大于聚集速率，构晶离子得以定向排列，则形成晶形沉淀。聚集速率主要与溶液的相对过饱和度有关，定向速率主要与沉淀物质的性质有关，例如极性较强的盐类，一般具有较大的定向速率。

3. 过饱和度对晶核生成与晶体生长的影响

前人对沉淀过程虽做了大量的研究工作，但仍没有成熟的理论。冯韦曼根据实验现象，综合了沉淀的分散度与溶液的相对过饱和程度的经验式，即冯韦曼分散度公式：

$$V=K \cdot \frac{Q-S}{S}$$

式中，Q 为加入沉淀剂后瞬间沉淀物质的浓度；S 为沉淀的溶解度；$Q-S$ 为沉淀开始瞬间的过饱和度，它是引起沉淀作用的动力；$(Q-S)/S$ 为沉淀开始瞬间的相对过饱和度；

K 为常数，它与沉淀的性质、介质及温度等因素有关。

沉淀的形成一般经过晶核形成和晶核长大两个过程。将沉淀剂加入试液中，当形成沉淀的离子浓度乘积大于其 K_{sp}（溶解平衡常数）时，离子通过静电引力结合成一定数目的离子群，即为晶核。晶核形成后，构晶离子向晶核表面沉积，晶核就逐渐长大成微粒。聚集速率 V：由离子聚集成晶核，再进一步积集成沉淀颗粒的速率。定向速率 V'：在聚集的同时，构晶离子又按一定晶格排列，该速率即为定向速率。若聚集速率 V 大，而定向速率 V'小，即离子很快聚集生成沉淀微粒，却来不及进行晶格排列，则得到的是非晶形沉淀。若 V 较小，而 V'较大，即离子较慢地聚集成沉淀，有足够的时间进行晶格排列，则得到的是晶形沉淀。对均相成核而言，过饱和程度越大，形成的晶核数越多，分散度越高；对晶体生长而言，过饱和程度越大，聚集速率快，不利于构晶离子的定向排列，所以不利于晶体生长。总之，溶液的相对过饱和度越大，沉淀的分散度越大。

由冯韦曼分散度公式可知，聚集速率主要是由沉淀时的条件决定的。溶液的相对过饱和度愈大，分散度也愈大，形成的晶核数目就愈多，得到的是小晶形沉淀。反之，溶液的相对过饱和度较小，分散度也较小，形成的晶核数目就较少，则晶核形成速度较慢，得到的是大晶形沉淀。

定向速率主要取决于沉淀物质的本性。一般极性强的盐类，如 $MgNH_4PO_4 \cdot 6H_2O$、$BaSO_4$、CaC_2O_4 等，具有较大的定向速率，易形成晶形沉淀。而氢氧化物具有较小的定向速率，因此其沉淀一般为非晶形。特别是高价金属离子的氢氧化物，如 $Fe(OH)_3$、$Al(OH)_3$ 等，结合的 OH^- 愈多，定向排列愈困难，定向速率愈小；且这类沉淀的溶解度极小，聚集速率很大，加入沉淀剂瞬间形成大量晶核，使水合离子来不及脱水，便带着水分子进入晶核，晶核又进一步聚集起来，因而一般都形成质地疏松、体积庞大、含有大量水分的非晶形胶状沉淀。二价金属离子（如 Mg^{2+}、Zn^{2+}、Cd^{2+} 等）的氢氧化物，如果条件适当，可以形成晶形沉淀。金属的硫化物一般都比其氢氧化物溶解度小，是非晶形或胶状沉淀。

由此可见，沉淀的类型，不仅取决于沉淀的本性，也取决于沉淀进行时的条件，若改变沉淀条件，也可能改变沉淀的类型。

（三）沉淀形成的影响因素

溶液中析出晶核是一个由无到有的生成新相的过程，溶质分子必须有足够的能力克服液固相界面的阻力，碰撞凝聚成晶核，同时为了使溶液中生成的晶核长大成晶体，也必须有一定的浓度差作为扩散推动力。

在沉淀过程中，晶核生成速率和晶核长大速率的相对大小直接影响着沉淀物的种类。当晶核生成速率远大于晶核长大速率时，溶液中没有更多的离子聚集到晶核上，晶核迅速聚集成细小的无定形颗粒，形成非晶形沉淀甚至胶体。当晶核长大速率远大于晶核生成速率时，溶液中最初的晶核很少，有较多的离子以晶核为中心，依次排列长大形成颗粒较大的晶形沉淀。而晶格生成速率和晶格长大速率的相对大小受到沉淀过程中浓度、温度、pH 值以及加料方式等因素的影响。

（1）浓度

溶液中开始沉淀的首要条件之一就是溶液的浓度达到过饱和状态。对于晶形沉淀而言，宜在适当稀溶液中进行沉淀反应。在开始沉淀时，溶液的过饱和度不太大，可以使晶核生成速率减小，有利于晶体长大。

对于非晶形沉淀，宜在含有适当电解质的浓度较高的热溶液中进行沉淀。这是因为电解质的存在可使胶体颗粒凝胶而沉淀；另外，溶质浓度较高时，离子的水合度较小，可获得较为紧密的沉淀，减少胶体溶液的形成。

(2) 温度

一般而言，晶核的生成速率随温度的升高会出现一个极大值。晶核生成速率最大时的温度较晶核长大速率达到最大时所需的温度要低得多。换言之，低温有利于晶核形成，不利于晶核长大，易于获得细小的晶粒。对于晶形沉淀，高温有利于晶核长大，吸附杂质也少。对于非晶形沉淀，在热溶液中沉淀时，离子的水合度小，可以获得较为紧密的沉淀。另外，温度高可以缩短沉淀时间，提高生产效率，通常沉淀操作的温度为70～80℃。

(3) pH值

为控制沉淀颗粒的均一性，需保持沉淀过程pH值的相对稳定，可通过加料方式进行控制。同一物质在不同的pH值下沉淀可得到不同的晶形。以氧化铝Al_2O_3沉淀物为例：

$$Al^{3+}+OH^- \begin{cases} \xrightarrow{pH<7} Al_2O_3 \cdot mH_2O & \text{无定形胶体} \\ \xrightarrow{pH=9} \alpha\text{-}Al_2O_3 \cdot H_2O & \text{针状胶体} \\ \xrightarrow{pH=10} \beta\text{-}Al_2O_3 \cdot nH_2O & \text{球状晶体} \end{cases}$$

沉淀剂常用碱性物质，通常pH值高，金属离子沉淀完全。一般工业催化剂都在偏碱性(pH＞8)溶液中沉淀。对于两性化合物，pH值过高，沉淀会重新溶解，例如氢氧化铝沉淀物在强碱性溶液中会溶解：

$$Al(OH)_3+OH^- = AlO_2^- +2H_2O$$

当沉淀剂为氨水时，其浓度过大会使沉淀所生成的配合物溶解。当多组分共沉淀时，应考虑不溶组分的溶度积不同，酸性溶液中过饱和度低，沉淀颗粒大，组分分布不均；碱性溶液中过饱和度高，沉淀颗粒小，组分分布均匀。多组分金属共沉淀时，pH值的变化会引起先后沉淀，造成沉淀物组分不均匀。为了保证沉淀颗粒的均一性、均匀性，pH值必须保持相对稳定。

(4) 加料方式和搅拌强度

沉淀反应按沉淀剂和待沉淀金属盐溶液的加料顺序不同，通常可分为如下三种加料方式：

① 顺加法（正加法）——把沉淀剂加到金属盐溶液中。在顺加过程中，溶液的pH值是逐步增加的，溶液中若有多种金属离子，会发生多组分先后沉淀的现象，所得到的沉淀物不均匀。

② 逆加法（反加法）——把金属盐溶液加到沉淀剂中。在逆加过程中，溶液的pH值会慢慢降低，多组分会同时被沉淀，所得沉淀物比较均匀。

③ 并加法（并流加法）——把金属盐溶液和沉淀剂同时按比例加到中和沉淀槽中。在并加过程中，溶液的pH值相对比较稳定，多组分也会同时被沉淀，所得沉淀物也相对均匀。

沉淀时搅拌是必需的，搅拌可增加扩散，使沉淀剂充分分散，可与金属盐溶液充分接触，快速形成沉淀。但是，搅拌强度过大，液体分布均匀，沉淀粒子可能被搅拌桨打碎；搅

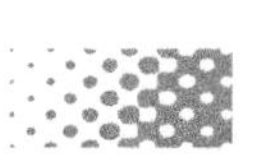

拌强度过小，液体不能充分混合。通常针对晶形沉淀，沉淀剂应在搅拌下均匀缓慢加入，以免局部浓度过高，同时维持较低的过饱和度。对于非晶形沉淀，沉淀剂应在搅拌下迅速加入，在较高的过饱和度下析出大量晶核。

沉淀影响因素较为复杂，在实际操作中，应根据催化剂性能对结构的不同要求，选择合适沉淀条件，控制沉淀的类型和晶粒大小，以便得到预定结构的、理想的催化剂，这也是沉淀法制备催化剂的研究重点。

二、沉淀法基本工序

（一）沉淀

1. 金属盐类的选择

一般首选硝酸盐来提供固体催化剂所需的阳离子，因为绝大部分硝酸盐溶于水，且方便地由硝酸盐与对应的金属或其他氧化物、氢氧化物、碳酸盐制得。另外沉淀后，沉淀物表面的硝酸根离子经洗涤或加热易除去。虽然硫酸盐价格便宜，但由于硫酸根离子不易除去，因此其较少使用。

对于金、钯、铂、铱等贵金属，一般选用其氯化物，由于它们不溶于硝酸，但溶于王水，可制得对应的贵金属氯化物浓盐酸溶液，即氯金酸、氯钯酸、氯铂酸、氯铱酸等，以这种特殊形态提供所需的阳离子。

2. 沉淀剂的选择

在制备金属催化剂时，氢氧化物沉淀法和碳酸盐沉淀法使用较多。常用的沉淀剂有碱类（如 $NaOH$，KOH，NH_4OH 等）和碳酸盐类［如 $(NH_4)_2CO_3$，Na_2CO_3，CO_2 等］，有时也会用到有机酸（如醋酸、草酸等）、铵盐等。

在选择沉淀剂时，一般要求如下：

① 尽可能使用易分解挥发的沉淀剂。这样可以使过量的沉淀剂在干燥和焙烧过程中经挥发或分解除去。若选用不易分解的沉淀剂，则容易引入有害的杂质元素。

② 形成的沉淀物必须便于过滤和洗涤。尽量选用能形成晶形沉淀的沉淀剂或盐类。

③ 沉淀剂的溶解度要大。沉淀剂溶解度越大，阴离子的浓度越高，越有利于完全沉淀；另外，部分沉淀剂被沉淀物吸附，也易经洗涤除去，故吸附量少。

④ 形成的沉淀物溶解度要小。在洗涤过程中，因溶解度小，所以耗损少，有利于节约成本。

⑤ 沉淀剂必须无毒，不应造成环境污染。为获得纯净、易过滤和洗涤的沉淀，不同类型的沉淀应该采取不同的沉淀条件。

3. 沉淀操作

针对不同的沉淀类型，结合沉淀的影响因素，在沉淀操作时主要应注意选择适宜的操作方式。

（1）晶形沉淀

为了使沉淀纯净并易过滤和洗涤，应考虑如何获得较大的沉淀颗粒。但是晶形沉淀的溶解度一般较大，应注意沉淀的溶解损失。

晶形沉淀一般在适当稀的溶液中进行，并加入沉淀剂的稀溶液，目的是降低溶液的过饱和度。在搅拌下逐滴加入沉淀剂，目的是防止溶液局部浓度过高，以免生成大量的晶核。有时在热溶液中进行沉淀可使沉淀的溶解度略有增加，可降低溶液的相对过饱和度；为防止沉淀热溶解损失，应在沉淀完成后冷却后过滤。沉淀完成后让沉淀和溶液一起放置一段时间，可使沉淀晶形完整、纯净。

(2) 无定形（非晶形）沉淀

无定形沉淀一般溶解度很小，溶解损失可忽略不计。主要考虑减少杂质吸附和防止形成胶体溶液。

通常在较浓的溶液中进行沉淀，加入沉淀剂的速度可适当加快。沉淀完毕后立刻加入大量热水冲稀并搅拌，使被吸附的部分杂质转入溶液。可在热溶液中进行沉淀，目的是防止胶体生成，减少杂质的吸附作用，并可使生成的沉淀更紧密。为了防止胶体的生成，可在溶液中加入适当的电解质，如铵盐等可挥发性盐类。不必陈化，必要时进行再沉淀。无定形沉淀一般含杂质的量较多，如果对准确度要求较高，则应当进行再沉淀。

（二）陈化

沉淀在其形成之后发生的一切不可逆变化称为沉淀的陈化。在介绍陈化操作之前，先来了解一下溶解平衡。

在一定温度下难溶电解质晶体与溶解在溶液中的离子之间存在溶解和结晶的平衡，称作多项离子平衡，也称为沉淀溶解平衡。以 AgCl 为例，尽管 AgCl 在水中溶解度很小，但并不是完全不溶解。从固体溶解平衡角度认识，AgCl 在溶液中存在以下两个过程。

① 在水分子作用下，少量 Ag^+ 和 Cl^- 脱离 AgCl 表面溶入水中。

② 溶液中的 Ag^+ 和 Cl^- 受 AgCl 表面正负离子的吸引，回到 AgCl 表面，析出沉淀。在一定温度下，当沉淀溶解和沉淀生成的速率相等时，得到 AgCl 的饱和溶液，即建立下列动态平衡：

$$AgCl_{(s)} \rightleftharpoons Ag^+_{(aq)} + Cl^-_{(aq)}$$

溶解平衡的特点是动态平衡，即溶解速率等于结晶速率，且不等于零。其平衡常数 K_{sp} 称为溶解平衡常数；它只是温度的函数，即一定温度下 K_{sp} 一定。

陈化作用：通常情况下在温度相同、压强相同、溶质质量相同的条件下，固体颗粒越小，溶解速率越大，溶解得越快；固体颗粒越大，溶解速率越小，溶解得越慢。另外，Ostwald Freundlich 方程式：

$$\lg(S_2/S_1)=2\sigma M(1/r_2-1/r_1)/(\rho RT)$$

式中，S_1，S_2 分别是半径为 r_1，r_2 的固体晶粒的溶解度；σ 为表面张力；ρ 为固体的密度；M 为分子量；R 为气体常数；T 为温度。

根据 Ostwald Freundlich 方程，当微粒粒径小于 100nm 时，其溶解度随粒径减小而增加。当颗粒处于纳米状态时，若 $r_2<r_1$，则 r_2 的溶解度 S_2 大于 r_1 的溶解度 S_1。针对晶形沉淀，因为在陈化过程中，由于细小晶体比粗大晶体溶解度大，溶液对于粗大晶体而言已达饱和，而对于细小晶体而言则尚未饱和，于是细小晶体逐渐溶解，并沉积于粗大晶体上。如此反复溶解、沉积的结果是基本上消除了细小晶体，获得了颗粒大小较为均匀的粗大晶体。

陈化操作的影响因素包括时间、温度、母液的 pH 值等。最简单的陈化操作是沉淀形成

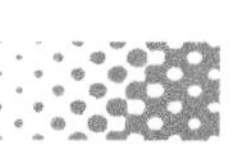

后不应立即过滤，而是将沉淀物与其母液一起放置一段时间。陈化操作一般是在室温条件下放置 0.5～2h，陈化过程中不需要搅拌。

【注意】 多数非晶形沉淀，在沉淀形成后不采取陈化操作。另外，要区分陈化和晶化的不同，陈化是个缓慢成晶和物料分配的过程，而且常在室温下放置，陈化是晶化的前奏，提供晶核；晶化一般是在晶化釜里进行的，温度一般视反应温度而定，它需要完成的任务是晶体的生长。

（三）过滤与洗涤

洗涤的目的是要除去沉淀中的杂质。通常沉淀中的杂质形成的原因有以下几点。

1. 表面吸附

表面吸附作用指的是固体表面有吸附水中溶解物及胶体物质的能力。吸附可分为物理吸附和化学吸附。如果吸附剂与被吸附物质之间是通过分子间引力（即范德华力）而产生吸附，称为物理吸附；如果吸附剂与被吸附物质之间产生化学作用，生成化学键引起吸附，称为化学吸附。

表面吸附是具有选择性的，选择吸附的规律如下。①第一吸附层吸附选择性：构晶离子首先被吸附，其次是与构晶离子大小相近、电荷相同的离子容易被吸附。②第二吸附层吸附选择性：吸附离子价数越高，越容易被吸附；与构晶离子生成难溶化合物或离解度较小的化合物的离子也容易被吸附。③颗粒越小，比表面积越大，吸附力越强。沉淀总表面积越大，吸附杂质的数量越多。杂质离子浓度越大，被吸附的数量越多，吸附是放热过程，温度越高，杂质吸附量越少。

因此，晶形沉淀颗粒越小，比表面积比无定形沉淀物的比表面积小，与溶液的接触面积相对小，吸附的杂质也相对更少。反之，无定形沉淀物的比表面积特别大，表面吸附现象也特别严重，因而通过洗涤操作可使沉淀净化。

2. 机械包藏

机械包藏亦称为吸藏，沉淀母液中的杂质可吸附于沉淀物表面时，如果晶体成长速率过快，可能会导致杂质机械地嵌入晶体。机械包藏的杂质无法通过洗涤除去，但是可以通过重结晶的方式除去。

3. 形成混晶

在沉淀过程中，杂质离子通过占据沉淀中某些晶格位置而进入沉淀内部；有时杂质离子不是占据正常的点位，而是进入晶格的空隙中，称为固溶体。一般情况下将上述两种现象统称为混晶共沉淀。

只有那些构成晶体的离子半径相近，且所构成晶体的结构又与沉淀类似的离子才有可能发生混晶共沉淀。常见的混晶有 $BaSO_4$ 和 $PbSO_4$，$MgNH_4PO_4 \cdot 6H_2O$ 和 $MgNH_4AsO_4 \cdot 6H_2O$，AgCl 和 AgBr 等。混晶污染严重，改变沉淀条件、洗涤、陈化甚至重结晶效果都不理想，最好是分离杂质。

以洗涤液除去固态物料中杂质的操作常用的洗涤液是纯水，包括去离子水和蒸馏水。一般而言，温热的洗涤液容易将沉淀洗净，因为杂质的吸附量随温度的升高而减少。但是热溶液的温度过高，会使沉淀物溶解速度加快，沉淀损失也较大。因此，溶解度小的非晶形沉淀宜用热洗涤液洗涤，溶解度大的晶形沉淀宜用冷洗涤液洗涤。

实验室洗涤的实际操作方法常用倾析法和过滤法（具体参考《化学物料的识用与分析》）。当沉淀（晶体）的密度较大或结晶的颗粒较大，静止后能很快沉降时，常用倾析法（图 2-3）。操作要点：待沉淀沉降后，将沉淀上部的清液缓慢地倾入另一容器（如烧杯）。

过滤法是把不溶性的固体与液体分离的操作方法。实验室操作如图 2-4 所示，粗盐水的过滤就是采用过滤的方法，除去食盐中的固体不溶物。实验室过滤操作要点：要做到“一贴、二低、三靠”。

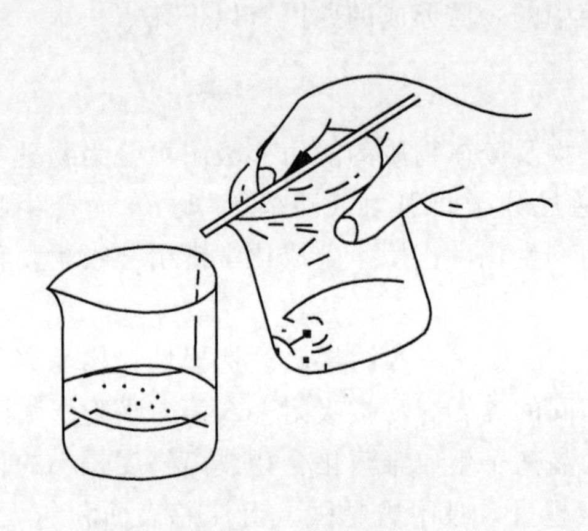

图 2-3　倾析法操作

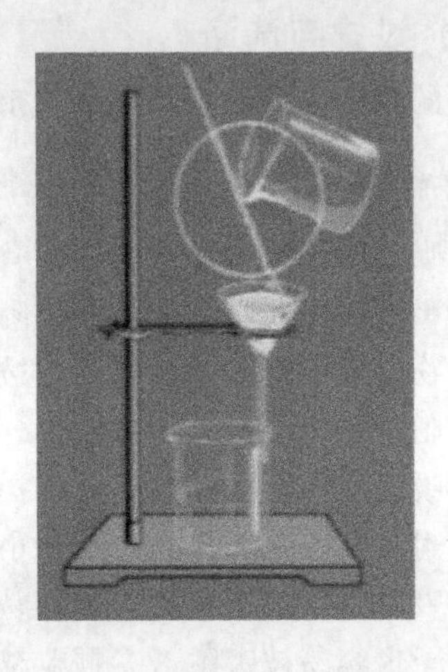

图 2-4　过滤操作（实验室）

在工业生产中液固相分离主要采用的过滤方法和设备包括：板框式压滤机、箱式压滤机、转鼓真空过滤机（图 2-5）、水平带式真空过滤机、动态压滤机、离心过滤机（图 2-6）[具体过滤设备原理参考徐忠娟主编的《化工单元过程及设备的选择与操作》（上、下）]。

图 2-5　转鼓真空过滤机

（四）干燥

干燥是利用热能使湿分汽化并加以除去的方法，即用加热的方法使水分或其他溶剂汽化除去固体物料中湿分的操作。固体物料的脱水过程，通常在 60～200℃下的空气中进行。

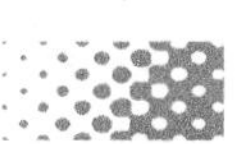

1. 干燥的原理

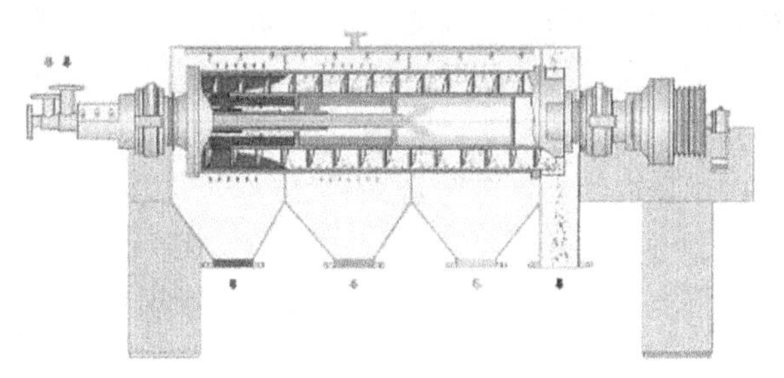

图 2-6　离心过滤机工作原理示意图

干燥是一个传热、传质的过程。对流、传导和辐射三种传热方式在干燥中相互伴随、同时存在。湿物料进行干燥时，同时进行着以下两个过程。①热量由热空气传递给湿物料，使物料表面上的水分立即汽化，并通过物料表面处的气膜，向气流主体中扩散。②由于湿物料表面处水分汽化的结果，使物料内部与表面之间产生水分浓度差，于是水分立即由内部向表面扩散。因此，在干燥过程中同时进行着传热和传质两个相反的过程。干燥过程的重要条件是必须具有传热和传质的推动力。物料表面蒸气压一定要大于干燥介质（空气）中的蒸气分压，压差越大，干燥过程进行得越快。干燥推动力是湿物料表面水蒸气分压超过干燥介质（热空气）中水蒸气分压。基于该压差，使湿物料表面水蒸气向干燥介质中扩散，湿物料内部水再继续向表面扩散，再被汽化。

在一定温度下，任何含水的湿物料都有一定的蒸气压，当此蒸气压大于周围气体中的水汽分压时，水分将汽化。汽化所需热量，或来自周围热气体，或由其他热源通过辐射、热传导提供。含水物料的蒸气压与水分在物料中存在的方式有关。物料所含的水分，通常分为非结合水和结合水。非结合水是附着在固体表面和孔隙中的水分，它的蒸气压与纯水相同；结合水则与固体间存在某种物理的或化学的作用力，汽化时不但要克服水分子间的作用力，还需克服水分子与固体间结合的作用力，其蒸气压低于纯水，且与水分含量有关。在一定温度下，物料的水分蒸气压 p 同物料含水量 x（每千克绝对干物料所含水分的千克数）间的关系曲线称为平衡蒸气压曲线，一般由实验测定。当湿物料与同温度的气流接触时，物料的含水量和蒸气压下降，系统达到平衡时，物料所含的水分蒸气压与气体中的水汽分压相等，相应的物料含水量 x^* 称为平衡水分。平衡水分取决于物料性质、结构以及与之接触的气体的温度和湿度。胶体和细胞质物料的平衡水分一般较高，通过干燥操作能除去的水分，称为自由水分（即物料初始含水量 x_1 与 x^* 之差）。

2. 影响干燥的因素

根据干燥原理可知影响干燥的因素主要有以下几个方面。

① 干燥面积。由于水分的蒸发主要在被干燥物料的表面进行，因此干燥物料的干燥面积大小对干燥起着重要作用。干燥效率与干燥面积大小成正比。被干燥物料堆积越厚，干燥面积越小，干燥越慢；反之则越快。

② 干燥速度。干燥应控制在一定速度下进行。在干燥过程中，表面水分很快蒸发除去，然后内部的水分扩散到表面继续蒸发。若干燥速度过快，温度过高，则物料表面水分蒸发过快，内部水分来不及扩散到表面，致使表面粉粒彼此黏结甚至熔化结膜，从而阻止内部水分扩散与蒸发，使干燥不完全，造成外干内湿的假干现象，使物料久储变质。

③ 干燥方法。在干燥过程中被干燥的物料可以处于静态或动态。在烘箱或烘房中干燥物料处于静态，物料干燥面积小，因而干燥效率差。若干燥物料处于翻腾或悬浮状态，如流化干燥法在干燥中粉粒彼此分开，增大了干燥的面积，故干燥效率高。

④ 温度。温度升高，可加快蒸发速率，加大蒸发量，有利于干燥进行。但应视干燥物

料的性质适当选择干燥温度，以防某些成分被破坏。

⑤ 湿度。物料本身湿度大，蒸发量也大，则干燥空间的相对湿度也大，物料干燥时间延长，干燥效率就低。为此，烘房、烘箱常采用鼓风装置使干燥空间气流更新，以免干燥过程中烘房内相对湿度饱和而停止蒸发。

⑥ 压力。压力与蒸发量成反比，因而减压是改善蒸发条件，促使干燥加快的有效手段。采用真空干燥制备干浸膏时能减低干燥温度、加快蒸发速率，使物料疏松易碎，有效成分不易破坏，也可同时回收溶剂。

⑦ 物料的特性。物料的形状不同，性质及水分存在状态也不同，干燥效率也不一样。结晶状固体物料中水分往往吸附在物料的外表面上或浅开口的孔内以及物料内部粒子间隙中，这些空隙与表面相通，水分较易除去；无定形固体（包括纤维状、胶状结构）的物料中水分往往存在于分子结构中或被截留在许多细小的毛细管或内孔中，水分从物料内部到表面移动比较缓慢，这类物料不易干燥。

⑧ 物料中水分的性质。按物料中水分能否干燥除去分为平衡水分与自由水分。物料与一定状态的空气相接触，将排除或吸附水分，直至物料表面所产生的水蒸气压与空气的水蒸气分压相等，此时物料中所含的水分称为平衡水分。平衡水分是物料干燥的极限，只要空气状态不变，物料中的水分将永远保持定值，不因与空气接触时间的延长而变化，因此，平衡水分是在干燥过程中无法除去的水分。自由水分是指物料中所含的大于平衡水分的那部分水分，即在干燥过程中能除去的水分。

按物料中水分除去的难易度分为结合水分与非结合水分。结合水分与物料有较强的结合力，因此较难去除，干燥速率慢。非结合水分主要以机械方式与物料结合，如物料表面的水分，其与物料的结合力弱，易去除，干燥速率快。结合水分不能通过干燥去除，故干燥过程一般对化学结构没有影响，对催化剂的物理结构，特别是孔结构及机械强度会产生影响。

干凝胶孔结构的形成取决于干燥条件和水凝胶中初级离子的相互作用。水凝胶在干燥中脱去包含在凝胶骨架中的水，最后形成具有多孔结构的干凝胶。原来被水所占有的空间成为干凝胶的空腔或孔穴。而胶体粒子所组成的网状骨架就成为干凝胶的孔壁。

干燥过程可细分为以下 4 个过程。

① 由于毛细管压力作用，水凝胶体积开始减少，相当于脱除水分。

② 随着粒子间距进一步减小，毛细管压力对抗骨架变形应力而压缩凝胶，这种应力取决于干燥速率和初级粒子是以链形或是以更复杂的结构聚集。

③ 脱除一定数量的水分后，骨架的变形应力变得相当大，以至于毛细管压力不能与之抗衡。所以，进一步干燥时，水分只得保留在粒子间的接触部位。

④ 水分从粒子间的接触部位蒸发。

由上述可断定，最后孔隙率主要取决于过程②和过程③之间的界限，并能通过改变干燥速率或改变其水凝胶中化学键的性质而使其变化。为强化粒子间的接触点而老化处理水凝胶时，随干燥速率增加，孔隙率增大。

在增大孔体积时，由于初级粒子间接触数减少，会使机械强度降低。在高温、气氛湿度落差大的情况下或反应物介质的作用下，内应力使催化剂强度降低。重整催化剂载体生产时，成型后湿球在带式干燥器中常发生破碎现象，干球中粉状物和半边球较多，造成收率下降。在干燥过程中，如果时间过短，带式干燥器各阶段温度变化太大，干燥期内湿度过小会造成干球完整率的下降。因此，干燥条件对催化剂强度的影响不可忽视。

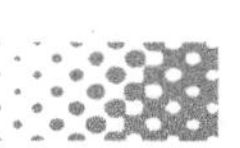

3. 干燥方法

根据热能传给湿物料的方式不同干燥可分为以下几种。

① 传导干燥：热能以传导的方式传给湿物料。典型干燥设备为双滚筒干燥器。

② 对流干燥（即直接加热干燥）：载热体将热能以对流方式传给与其直接接触的湿物料，以供给湿物料中水分汽化所需要的热量，并将水蒸气带走。典型干燥设备为烘箱、喷雾干燥器、流化床干燥器等。

③ 辐射干燥：热能以电磁波的形式由辐射器发射，射至湿物料表面被其吸收再转化为热能，将水分加热汽化而达到干燥的目的。典型设备为红外线干燥器。

④ 介电加热干燥：将湿物料置于高频电场内，依靠电能加热而使水分汽化，包括高频干燥、微波干燥。典型设备为高频真空木材干燥箱。

在传导、辐射和介电加热这三类干燥方法中，物料受热与带走水汽的气流无关，必要时物料可不与空气接触。

干燥设备的认识及干燥器的选择请参考徐忠娟主编的《化工单元过程及设备的选择与操作》（下册）中的学习情境七模块二。

4. 干燥设备

干燥虽然简单，但是干燥的工艺参数（如温度、湿度、流量、流速、升温速率等）取决于干燥物料的性质、组成、形状和含水量。工业应用时可选择的干燥设备比较多，比如分子筛生产中普遍采用闪蒸干燥方式，乙烯氧氯化制二氯乙烷的微球催化剂采用红外线辐射干燥器（图 2-7～图 2-12）。通常挤出成型的膏状物料一般选用带式干燥机或者链网式干燥机，针对小批量物料通常选用穿流箱式干燥器。

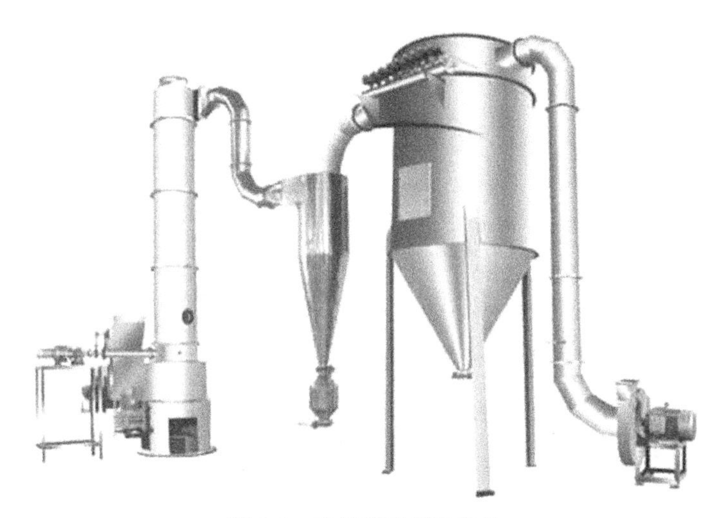

图 2-7 旋转蒸发干燥设备

（五）焙烧

焙烧是固体物料在高温不发生熔融的条件下进行的反应过程，可以有氧化、热解、还原、卤化等，通常用于无机化工和冶金工业。焙烧是干燥后的又一个热加工工序，是催化剂制备过程中的一个关键步骤。如果焙烧条件控制不当，有可能达不到前几个步骤所需达到的孔结构、比表面积、化学价态、相结构等理化性能。

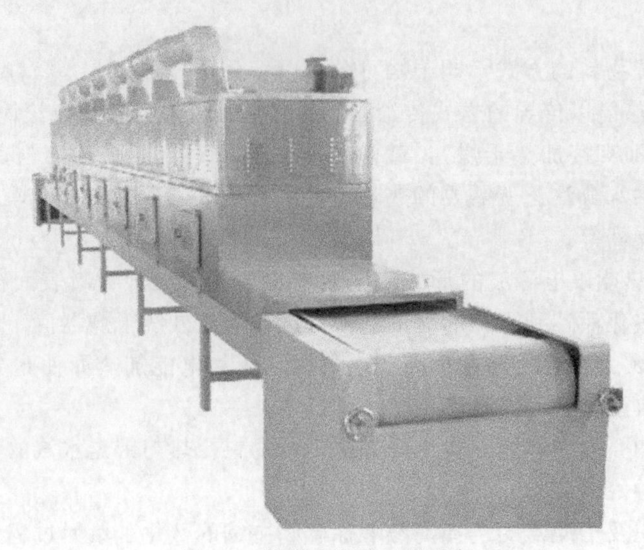

图 2-8　隧道式微波干燥设备

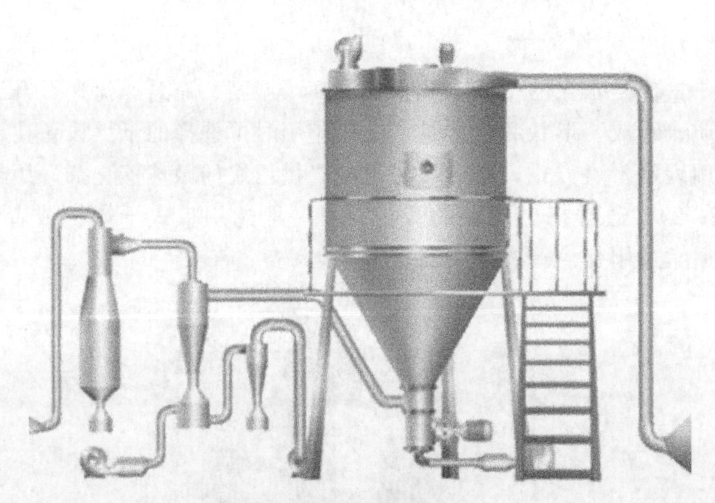

图 2-9　喷雾干燥设备

图 2-10　实验室烘箱

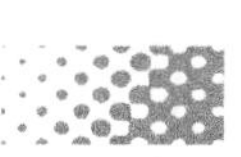

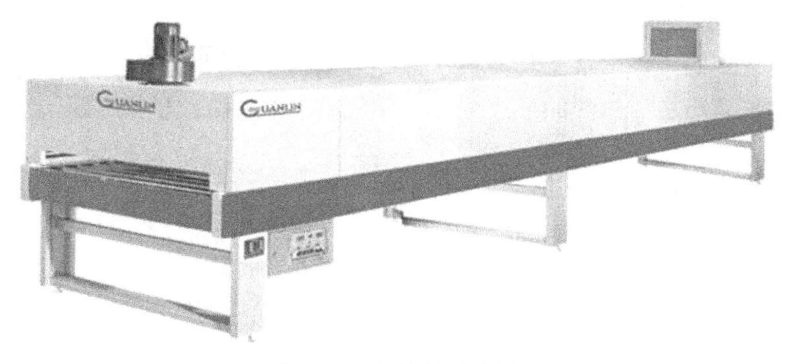

图 2-11　红外线干燥器

图 2-12　高频干燥器（主要用于木材干燥）

1. 焙烧目的

① 通过物料分解，除去化学结合水和挥发性物质（CO_2、NO_2、NH_3等），使之转化成所需的化学成分和化学价态。

② 借助固相反应，使固体物料互溶、再结晶，获得一定的晶形、微晶粒度、孔径和比表面积等。

③ 让微晶适度烧结，提高产品的机械强度。

其中，固相反应是指固体与固体间发生化学反应生成新的固体产物的过程。它是固体材料在高温过程中一种常见的物理化学现象，是金属合金材料、无机非金属材料制备过程中涉及的基本过程，如硅酸盐水泥熟料煅烧过程中的碳酸钙分解、水泥窑内固相反应带内进行的一系列固相反应等。

2. 影响因素

影响固体物料焙烧的转化率与反应速率的主要因素是焙烧温度、固体物料的粒度、固体颗粒外表面性质、物料配比以及气相中各反应组分的分压等。

焙烧温度、时间、气氛等因素对催化剂的比表面积、孔体积、孔径、表面酸性、晶粒大小、催化活性等有重要影响，对负载型催化剂的表面金属分布、晶粒大小以及分散度亦有显著影响。例如制备 Pt/Al_2O_3 催化剂，先在氧气中焙烧处理（500℃，16h），再分别通入氢气（500℃，10h）和氮气（500℃，2h）进行焙烧处理。在此制备过程中，金属 Pt 的分散度会发生变化。不同温度的氧气焙烧，金属 Pt 晶粒会随着焙烧温度的升高而发生聚集长大现象。

3. 焙烧设备

实验室通常使用的焙烧设备有马弗炉（图 2-13）、石英管回转炉（图 2-14）等。工业上常用的焙烧设备按其所用加热炉的形式可分为反射炉、多膛炉、竖窑、回转窑、沸腾炉、施风炉等（图 2-15）。

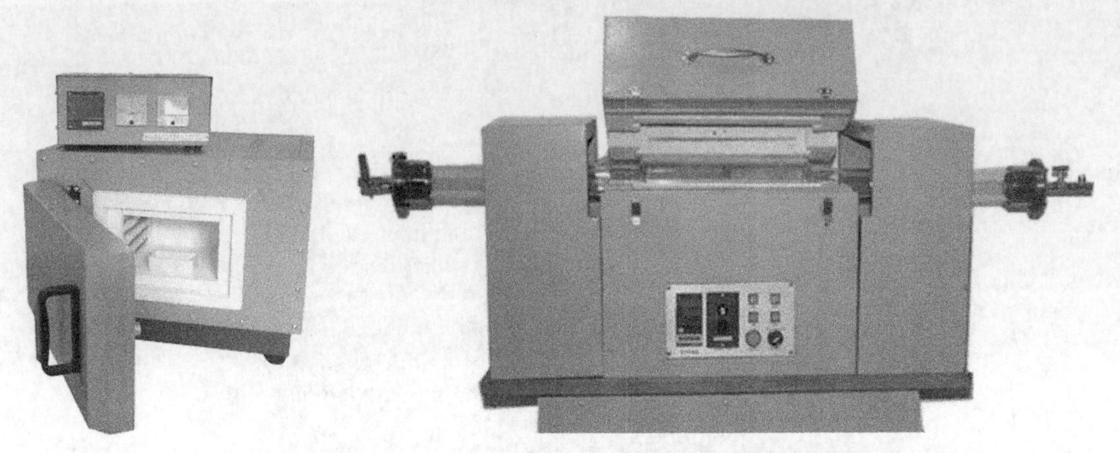

图 2-13　马弗炉　　图 2-14　石英管回转炉

图 2-15　网带状焙烧炉

（六）催化剂的成型操作

催化剂成型对催化剂机械强度、活性和寿命等都有影响。催化剂或载体的成型操作在催化剂制备过程中的工序位置是不固定的，这需要结合所成型物料的理化特性而定，有的成型操作在沉淀形成之后，有的在催化剂或载体干燥之后，也有的在焙烧完成之后。制成的催化剂颗粒大小和形状应根据反应原料性质和反应床层装填要求来决定。

成型造粒技术是各类粉体、颗粒、溶液或熔融原料在一定外力作用下互相聚集，制成具有一定形状、大小或强度的固体颗粒的单元操作过程。

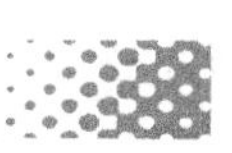

1. 成型工艺概述

固体催化剂不管以何种方法制备，最终在反应器中使用的催化剂都是具有一定形态和尺寸的，因而催化剂成型是催化剂生产中一个非常重要的工序。催化剂的形状、尺寸不同，甚至催化剂表面粗糙度不同，都会影响催化剂的活性、选择性、强度、阻力等性能。在工业上，主要考虑的是对催化剂活性、床层压力降和传热三个方面的影响。

成型原则：改变催化剂形状的关键问题，是在保证催化剂的机械强度以及压降允许的前提下，尽可能地提高催化剂的表面利用率（即活性）。

其中，催化剂的表面利用率主要是指催化剂的内表面利用率，因为固体催化剂具有丰富的孔道和孔隙，其内表面积较外表面积要大得多，反应表面主要集中于内表面。在工业生产中，众多工业催化反应过程主要是内扩散控制的过程，单位体积反应器内能够有效利用的催化剂表面积越大，则活性越高，生产能力越大。因此，提高催化剂内表面利用率是关键。例如，工业上蒸汽重整反应为内扩散控制的反应，采用异形催化剂时催化效果会更好，催化剂形状由拉西环改为七形孔、牙轮形，提高了催化剂表面利用率，从而提高了催化反应性能。

2. 催化剂形状及要求

早期催化剂成型是先将块状物料破碎，再筛分出合适的粒度、形状的颗粒，即得到最终使用的催化剂。通过这种方法得到的催化剂在使用时容易产生气流分布不均匀的现象，且反应转化率低，不利于稳定生产。现在通过成型加工，能够根据反应条件和反应装置要求，加工成适宜形状、尺寸及机械强度的催化剂，使催化剂的活性和选择性得以充分发挥。因此，催化剂颗粒的形状、尺寸和机械强度要能够与相应的催化反应过程和催化反应器相匹配（图 2-16）。

图 2-16　常见催化剂形状

① 固定床用催化剂。如果催化剂形状不均匀，颗粒尺寸过小，则会使气流阻力增大，从而影响装置正常运转。催化剂床层要求装填均匀，可以选择圆柱形或空心圆柱形催化剂；球形催化剂的填充量大，且颗粒耐磨性高，对催化剂的强度、粒度等要求，变化范围较大。故固定床反应器一般使用圆柱形及其变体的催化剂，其中，球形催化剂应用范围最广。

② 移动床用催化剂。催化剂在反应器内不断地移动，因此对催化剂的要求是机械强度要高。为了减少催化剂的磨损，一般采用直径 3～4mm 或更大直径的球形颗粒。

③ 悬浮床用催化剂。在反应过程中为了使催化剂在液体中易悬浮循环流动，通常采用微米级至毫米级的球形颗粒。

④ 流化床用催化剂。为保证催化剂的流化态具有良好的流动性，一般采用直径为20～150μm或更大直径的微球颗粒。

设置配图：图2-16常见催化剂形状。

3. 成型方法选择

在化学性质和物理结构不变的情况下，工业催化剂可通过成型来改善其催化性能（如提高活性），降低压力降，改善传热，所以选择合适的成型方法是非常重要的。成型方法的选择主要考虑两方面因素：①成型前物料的物理性质；②成型后催化剂的物理、化学性质。其中，第②点尤其重要。例如氧化铝载体成型时，成型主材料选用拟薄水铝石粉，这些粉在制备过程中，尤其在干滤饼粉碎时形成许多新的表面，所以成型后的氧化铝载体具有较大的比表面积。

4. 成型助剂添加：黏结剂和润滑剂

目的：为了提高催化剂强度和降低成型时物料内部或物料与磨具之间的摩擦力，有时需要在配方中加入某种黏结剂和润滑剂。黏结剂的主要作用是增加催化剂的强度。

常用的黏结剂可以分为以下三类。

① 基本黏结剂，如沥青、石蜡、树脂等。这类黏结剂常用于压缩成型和挤出成型操作过程，成型前将少量的黏结剂与主料充分混合，黏结剂填充于成型物料的空隙中。一般情况下，成型物的空隙占2%～10%，黏结剂的用量需能占满这些空隙。这样在压缩或挤出成型时，黏结剂就可以包围粉粒表面不平处，增大可塑性，提高粒子间结合强度，同时还兼有稀释和润滑作用，减少内摩擦力作用。

② 薄膜黏结剂，如水、水玻璃等。这类黏结剂多数为液体，黏结剂呈薄膜状，覆盖在原料粉体粒子的表面，成型后经干燥而增加成型物强度。黏结剂用量主要根据粉体孔隙率、粒度分布和表面积来确定，特别是比表面积的因素更为重要。对多数粉体而言，薄膜黏结剂的用量在0.5%～2%范围内，即可使物料表面达到满意的湿度。

③ 化学黏结剂，如铝溶胶、硅溶胶等。化学黏结剂的作用是使黏结剂组分之间发生化学反应，或使黏结剂与物料之间发生化学反应。如氧化镁成型时加入氯化镁溶液，可使颗粒间生成氯氧化物，使得最终成型物有很好的强度。

润滑剂多为可燃或可挥发物质，能在焙烧中分解，故可同时起到选孔的作用。例如，在水合氧化铝粉中加入小于270目的碳粉，充分混合后成型，再经干燥和焙烧过程，使成型中的碳粉烧掉，就可以获得一定孔结构的氧化铝载体。

润滑剂可分为液体润滑剂和固体润滑剂。液体润滑剂有水、甘油、润滑油等，固体润滑剂有石墨、滑石粉等，固体润滑剂一般适用于较高压力成型的场合。

催化剂成型后，都不希望产品被黏结剂和润滑剂污染，所以在选择黏结剂和润滑剂时，应当选用干燥或焙烧过程中可以分解的物质。

5. 成型方法

(1) 压片成型

压片是指将一定湿度的粉体放在一定形状、封闭的模具中，通过外部施加压力，使粉体团聚、压缩成型的方法（图2-17）。

压片与西药片剂的成型工艺接近。通过压片成型得到的催化剂颗粒一般形状一致、大小均匀、表面光滑、强度高，一般适用于固定床反应器。

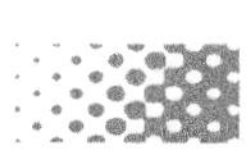

压片成型的主要设备是压片机或压环机，可制得各种片状、条状产品。

压片机可分为单冲压片机和多冲旋转式压片机。

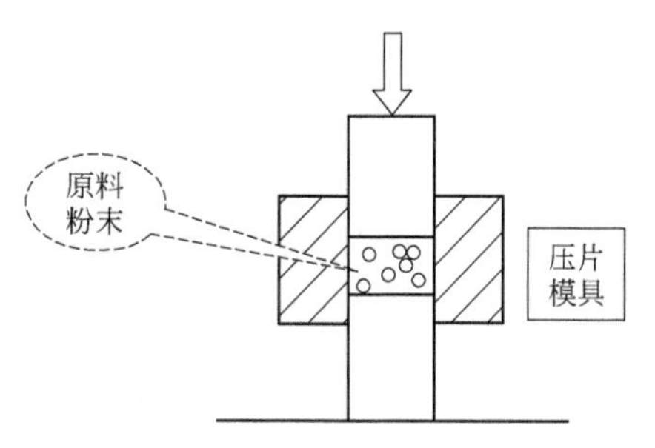

图 2-17　压片成型示意图

单冲压片机是通过凸轮（或偏心轮）连杆机构（类似冲床的工作原理），使上、下冲产生相对运动而压制成片剂（图 2-18）。单冲压片机并不一定只有一副冲模工作，可以有两副或更多副冲模；但多副冲模同时冲压，对机构的稳定性及可靠性要求严格，结构复杂，不建议过多采用。单冲压片机是间歇式生产，间歇加料、间歇出片，生产效率较低，适用于实验室和大尺寸片剂生产。

单冲压片机，能将粉粒状原料压制成片剂，广泛适用于制药厂、化工厂、医院、科研单位、实验室试制和小批量生产。这一类型的压片机适应性强，使用方便，易于维修，体积小，重量轻，无电时也可手动摇片；一般只装一副冲模，物料的充填深度、压片厚度均可调节，需制备不同形状的片剂时只需更换不同的冲模。

多冲旋转式压片机是将多副冲模呈圆周状装置在工作转盘上，各上、下冲的尾部由固定不动的升降导轨控制。当上、下冲随工作转盘同步旋转时，又受导轨控制做轴向的升降运动，从而完成压片过程。这时压片机的工艺过程是连续的，连续加料、连续出片。就整机来看，受力较为均匀平稳，在正式生产中被广泛使用。多冲旋转式压片机多按冲模数目来编制机器型号，如 19 冲、33 冲压片机（图 2-19）等。

图 2-18　TDP-5 单冲压片机

图 2-19　33 冲压片机

高速压片机用于将各种颗粒原料压制成圆片及异形片，是适合批量生产的基本设备。其结构为双压式，有两套加料装置和两套轮。转盘上可装 33 副冲模，旋转一周即可压制 66 片。压片时转盘的速度、物料的充填深度、压片厚度均可调节。机上的机械缓冲装置可避免因过载而引起的机件损坏。机内配有吸粉箱，通过吸嘴可吸取机器运转时所产生的粉尘，避免黏结堵塞，并可回收原料重新使用。

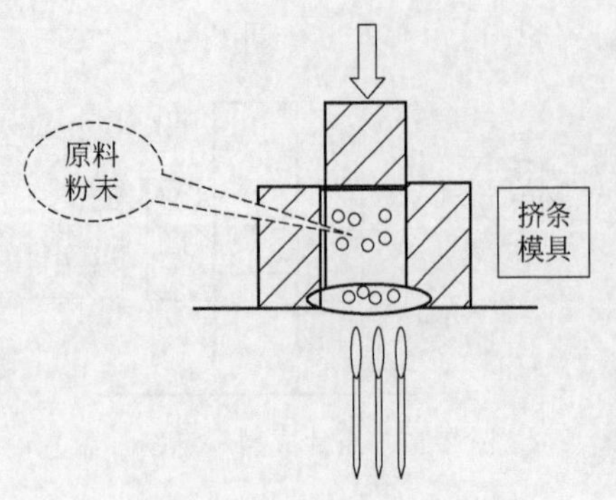

图 2-20　挤条成型示意图

(2) 挤条成型

挤条成型又称为挤出成型，该成型方法的工艺和设备与塑料管材的生产相似，如活塞式挤条机。该挤条成型主要用于塑性好的泥状物料，如铝胶、硅藻土、盐类和氢氧化物成型。

将粉体和适量助剂经充分捏合后，湿物料送入挤条机，在外部挤压力的作用下，粉体将与模具孔开孔相同的截面形状（圆柱形、三叶形、四叶形）从另一端排出。此方法即为挤条成型如图 2-20 所示。

工业上常用螺杆挤条机，其工作原理是原料在螺杆送料器的推动下进入挤压仓，经挤压而通过孔板，形成致密的长短不一的圆柱状挤出物，如图 2-21 所示。

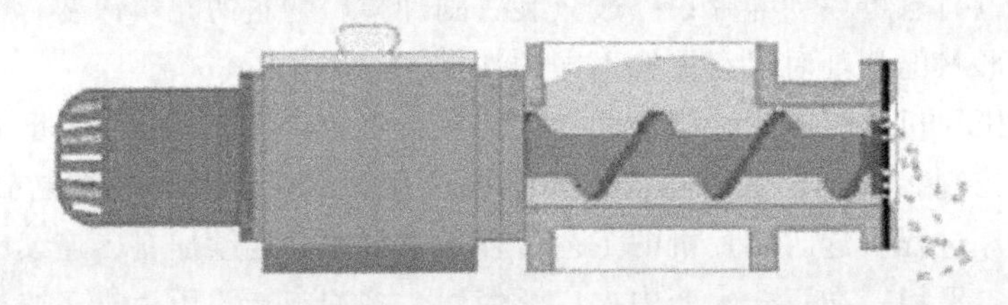
图 2-21　螺杆挤条机工作示意图

(3) 喷雾成型

该成型方法借助喷雾干燥技术，即用喷雾的方法，使物料以雾滴状态分散于热气流中，物料与热气体充分接触，在瞬间完成传热和传质的过程，使溶剂迅速蒸发为气体，达到干燥的目的。该技术可省去分离、干燥及粉碎等单元操作，可连续、自动化生产，操作稳定。采用这种方法是因为气固两相接触表面积大，干燥时间短，一般为 5～30s，故适宜于干燥热敏性物料。干燥所得产品性能良好，可获得的微粒较小，产品流动性和速溶性好。缺点是干燥器的体积大、传热系数低，导致热效率低、动力消耗大。这种技术在工业上应用广泛，不仅应用于催化剂制备工业，还应用于洗衣粉、奶粉、中药加工等生产上。

喷雾成型技术可简单地概括为将悬浮液或膏糊状物料采用雾化装置分散为雾状液滴，在热风中干燥而获得粉状成品。喷雾成型技术的工作原理如图 2-22 所示，空气经过滤和加热，进入干燥器顶部空气分配器，热空气呈螺旋状均匀地进入干燥塔。料液经塔体顶部的高速离心雾化器，（旋转）喷雾成极细微的雾状液珠，与热空气并流接触在极短的时间内干燥为成品。成品连续地由干燥塔底部和旋风分离器中输出，废气由引风机排空。

该成型方法的优点如下：物料进行干燥的时间短，只需几秒到几十秒。由于雾化成几十微米大小的雾滴，单位质量的表面积很大，因此水分蒸发极快。改变操作条件，选用适当的雾化器，容易调节或控制产品的质量指标，如颗粒直径、粒度分布。根据要求可以将产品制成粉末状产品，干燥后不需要进行粉碎，从而缩短了工艺流程，容易实现自动化和改善操作条件。

如间二甲苯流化床氨化氧化制间二甲腈催化剂的制造，先将给定浓度和体积的偏钒酸盐和铬盐水溶液充分混合，再与定量新制的硅凝胶混合，泵入喷雾干燥器内，经喷头雾化后，水分在热气流作用下蒸干，物料形成微球催化剂，从喷雾干燥器底部连续引出。

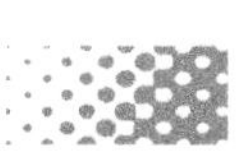

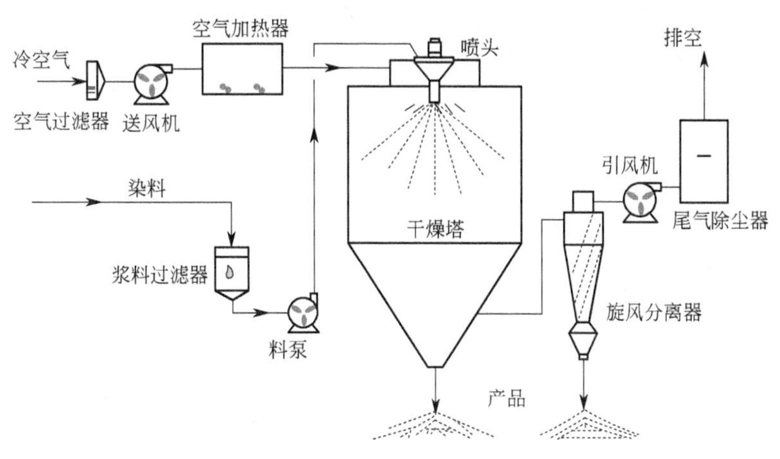

图 2-22　喷雾成型原理图

（4）油中成型

该法用于生产高纯度氧化铝球、微球硅胶等。

将一定 pH 值和浓度的硅溶液（或铝溶胶或溶胶与其他组分的混合物）喷滴到加热的油柱或其他溶液中，溶液滴胶凝成球，沉降到液柱底部，经分离、洗涤、干燥后，即得球体颗粒。

（5）喷动成型

该法制备的产品机械强度不高，表面粗糙，形状规整。

一般操作是将催化剂干粉料放入带有筛板的筒体设备内，热气流由下而上形成沸腾床层。按催化剂组分配制好的溶液或固体悬浮液从筒体顶部喷向沸腾床层，物料即以干粉料为核心凝聚干燥，并逐渐长大成球体。筛分一定直径范围内的球体作为成品或半成品，直径太小或太大的球体，经破碎成粉料后再返回床内作种核。此法不像转盘混合成球那样能得到直径均匀的球体。

（6）转动成型

该法又称为回转造球，类似于“滚元宵”，采用固体粉末润湿结块的原理，将干燥的粉末放在回转倾斜角为 30°～60°的圆盘里，慢慢喷入水或其他黏结剂。此步骤的作用是形成核。由于液体表面张力作用产生的毛细管渗透现象，润湿的局部粉末先黏结为粒度很小的核，随着圆盘的滚动黏附更多粉末以形成大的球，类似于滚雪球，当粒度符合要求时，从圆盘的下边滚出如图 2-23 所示。球的粒度与圆盘的转速、深度、倾斜度及黏结剂的种类有关。

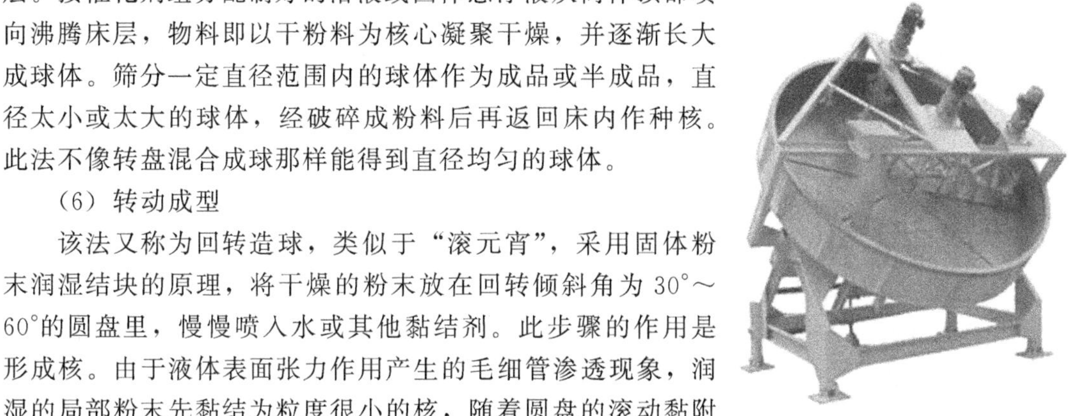

图 2-23　转动成型圆盘造粒机

【拓展阅读】

喷动流化床造粒实验研究

1　前言

造粒过程是指将各类粉状、块状、溶液或熔融状原料制成具有一定形状和强度的固体颗粒，通过改变物料群体的物理性质，达到美化外观、减少粉尘污染、提高加工工艺性能、增强效用等目的。从工艺上说，根据原始微细颗粒团聚方式的不同可分为压力造粒、滚动造粒、喷雾造粒、热融造粒及流化造粒。

压力造粒法是将粉末限定在一定空间中通过施加外力而压紧为密实状态。该方法可分为两大类：一类是模压造粒法，物料装在封闭模槽中，通过往复运动的冲头进行模塑；另一类是挤压造粒法，在挤压造粒过程中，物料承受一定的剪切和混合作用，在螺旋或辊子的推动下，通过一开口模或锐孔而固结成型。

滚动造粒是黏结剂渗入固态细粉末，形成微核。团聚的微核经过多次滚动，最后成为一定大小的球形颗粒。滚动造粒设备常见的有成球盘和搅拌混合造粒机。

喷雾造粒是借助于蒸发直接从溶液或浆体制取细小颗粒的方法。浆料被雾化器雾化，水分被热空气蒸发后，液滴内固相物聚集成干燥的微粒。

热融造粒是通过热量传递将小颗粒制成较大颗粒造粒方法。热融造粒在团聚过程中可能起作用的团聚机理包括浓泥浆或湿细物料的干燥、熔融、高温化学反应、熔融物或浓泥浆冷却固化或结晶。根据热传递的方式不同可将热融造粒分为烧结、热硬化、造球以及干燥固化等处理方法。

流化造粒是利用热空气将物料流化，再把雾化后的黏结剂喷入床层中，粉料经过沸腾翻滚逐渐形成较大颗粒。流化造粒技术作为一种新的造粒技术，在食品、医药、化工、种子处理、肥料生产等行业中得到普及推广。

喷动流化床造粒过程是流化造粒与滚动造粒相结合的一种新型造粒方法。黏结剂由喷嘴喷入床中，粉料在喷动流化床中翻滚长大，最终形成颗粒。该装置具有结构简单、操作方便、设备投资小等诸多优点。喷嘴的结构是喷动流化床造粒装置的核心部件，选用合理的喷嘴结构对雾化效果的提高具有重要意义。

2 喷动流化床造粒机理

粉料在流化气的作用下产生流态化，喷动气将黏结剂雾化由底部中心孔喷入，粉料表面沉积薄薄一层黏结剂，以气-液-固三相的界面能作为原动力团聚成微核。在流化气和喷动气的共同作用下搅拌、混合，微核通过聚并、包层逐渐形成较大的颗粒。

喷动流化床是在原始流化床的基础上改型得到的，结合了流化床及标准喷动床的优点，克服了流化床容易起泡的缺点，增强了气固接触和混合，具有较高的传热、传质速率，更加适用于大颗粒的生产。整个造粒系统集混合、捏合、造粒、干燥等工序于一体，系统密闭、操作安全、无粉尘污染。

采用喷动流化床造粒，根据不同粉料特性及成品颗粒要求，可采用底部雾化或者侧部雾化。

3 实验装置流程

3.1 底部雾化实验流程

底部雾化造粒实验流程如图 2-24 所示。喷嘴雾化气由空压机提供，经气流雾化喷嘴将黏结剂雾化后送入喷动流化床主体底部；空气经风机使流化床中粉料产生流态化；在流化气和喷动气的共同作用下粉料逐渐形成较大的颗粒，通过出料口卸料。

3.2 侧部雾化实验流程

侧部雾化造粒实验流程如图 2-25 所示。雾化气体由喷动流化床主体侧部旋流喷入，操

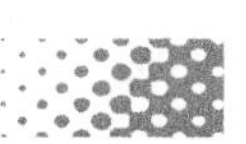

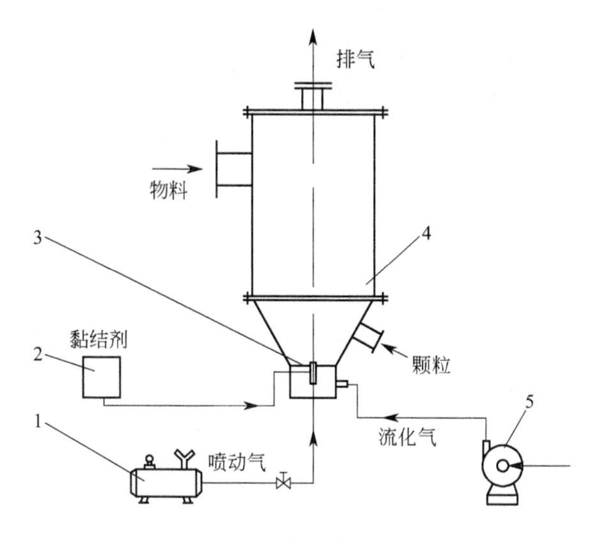

图 2-24　底部雾化造粒实验流程

1—空压机；2—储料罐；3—喷嘴；4—喷动流化床主体；5—风机

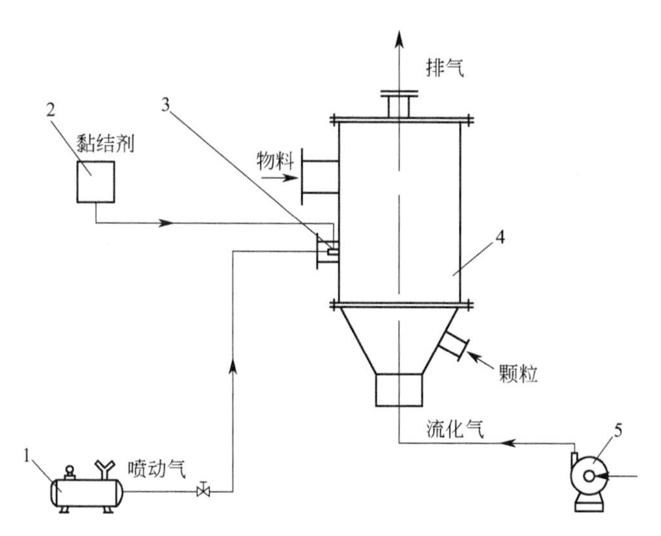

图 2-25　侧部雾化造粒实验流程

1—空压机；2—储料罐；3—喷嘴；4—喷动流化床主体；5—风机

作过程与底部雾化造粒实验流程基本相同。

4　气流雾化器——喷嘴

喷动流化床造粒装置中能否将黏结剂均匀雾化成细小液滴，提供良好的相间接触面积，气流雾化是重要的单元操作。气流雾化器的结构如图 2-26 所示。

喷嘴的主要设计参数如下。

① 空气喷射压力。喷射压力越大，喷雾锥角越大，反之相反。实验观察到，随着实验压力的增加，喷雾的液核越细小，黏结剂的雾化效果越好。该参数一般取 0.2～0.5MPa。

② 喷嘴喷孔直径（d）。当空气压力一定时，喷孔直径越小，雾化形成的微粒粒径越小，喷雾的液核就越细。喷孔直径 d 一般取 1～2 mm。

③ 喷嘴的喷孔长径比（L/d）。$L/d=2$ 时，雾化效果较好。从实验观察可见，随 L/d

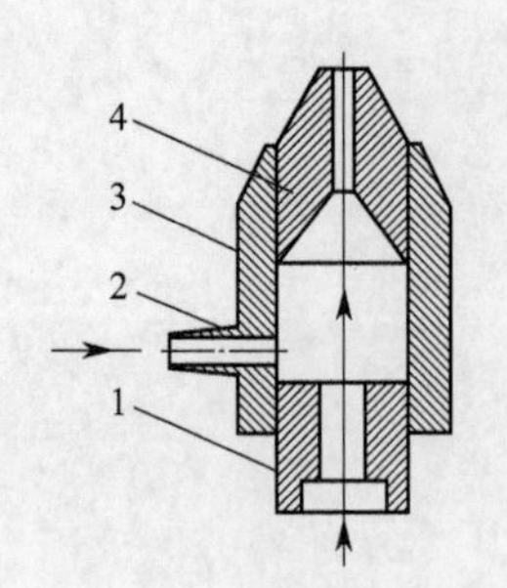

图 2-26 气流雾化器的结构
1—空气入口；2—黏结剂进口；
3—喷嘴本体；4—喷嘴

变小，雾化效果变得更好。

④ 喷嘴的入口角度（α）。$\alpha=60°$时，可观察到烟雾状细雾，液核区雾滴较细。

⑤ 喷嘴的出口扩散角度（β）。如果出口扩散角度过小，在喷射过程中将产生一定的附壁现象（喷嘴出口容易堵塞），对喷射有一定的扰动，会导致射流的不稳定性增加，操作困难。

5 小结

本文中所叙述的气流雾化喷嘴，具有结构简单、紧凑、零部件少、经济实用等优点，已在实验中应用，效果良好。该气流雾化喷嘴可用于喷动流化床造粒装置中，为喷动流化床造粒装置的推广应用发挥重要作用。

（注：以上“喷动流化床造粒实验研究”来源于：中国化工机械网）

喷雾干燥

喷雾干燥在工业上的应用已经有 100 多年的历史了。最早，由于这一工艺的热效率低，只用于价格高的产品（如奶粉）或非用这种干燥方法不可的产品（如热敏性的生物化学产品）。近几十年来，由于对喷雾干燥的不断研究和发展，喷雾装置逐渐完善、热工过程不断改进，使这一工艺不仅适用于严格灭菌条件下的精细操作（如药品制造），而且还适用于高吨位的产品（如陶瓷、合成洗衣粉、化学肥料等）生产，并且它的应用范围日益扩大。随着对雾化机理、雾滴在气流中的运动、传热与传质过程的深入研究，喷雾干燥器的尺寸和容量已大为增加。这不仅有利于高吨位产品的生产，同时也节省了投资费用和操作费用，从而改善了喷雾干燥器的经济性能。例如我国某厂生产合成洗衣粉所用的喷雾干燥器，其塔径为 6m，塔的总高为 34m，合成洗衣粉产量可达 4000～5000kg/h。又如某化肥厂生产硝酸铵所用的喷雾干燥器，其塔径达到 16m，塔高为 60m，产量可达每天 1000t。

（七）活化（还原）

1. 定义

经过焙烧后的催化剂（或半成品），多数尚未具备催化活性，必须用氢气或其他还原性气体，还原成活泼的金属或低价金属氧化物，这步操作称为还原，亦称为活化。

简单地说，活化操作就是将没有活性的氧化物催化剂通过化学方法处理，使其变成具有催化活性的催化剂。一般还原操作可以称为活化操作，但是并非所有的活化操作都是还原操作。例如，催化剂厂生产出来的加氢脱硫催化剂一般是 Co、Mo 金属氧化物，其催化活性较低，需经过预硫化处理，将 Co、Mo 金属氧化物转化为金属硫化物，最终得到的金属硫化态催化剂，才具有较高的催化活性。这里的活化操作就是预硫化操作，而不是还原操作。催化剂的还原操作过程影响因素较多，包括还原温度、压力、还原气体组成和空速等。

提高温度可以加大催化剂的还原速率，缩短反应时间，但温度过高，催化剂微晶尺寸增大，比表面积下降，还原速率太慢，影响催化剂的生产周期，而且也可能延长已还

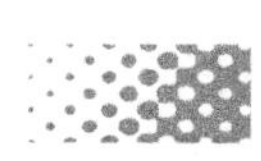

原催化剂暴露在水汽中的时间（还原伴有水分产生），增加氧化还原的反复机会，有可能使催化剂质量下降。提高还原速率，可增大晶核生产速率，进而可提高金属分散度。通常在不发生烧结的前提下，尽可能升高还原温度，采用较高的还原气体空速，尽可能降低还原气体中的水蒸气分压（图 2-27）。

工业上常用的还原气体包括氢气，一氧化碳，烃类等含氢化合物（甲烷乙烯等）以及工艺气体（氨合成气 N_2-H_2，甲醇合成气 H_2-CO）等。

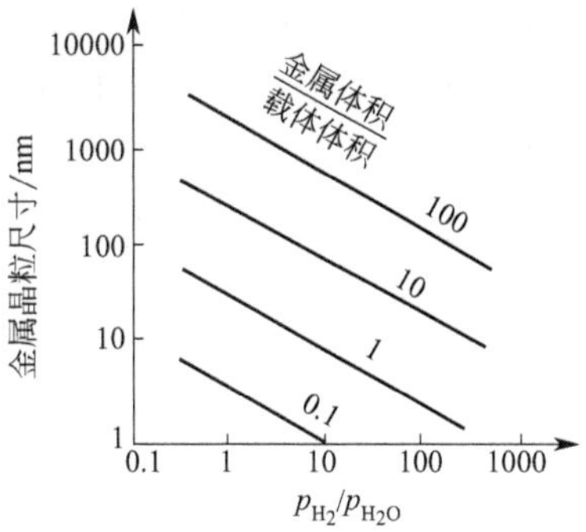

图 2-27　还原后金属晶粒大小与催化剂中金属含量、还原气氛的关系

2. 举例：氨合成塔内铁系催化剂的还原操作

工业生产上催化剂还原操作通常按催化剂厂家提供的催化剂资料制定还原方案，制定催化剂还原进度时间表，组织员工学习、专人负责，一般应由厂家和本单位技术人员共同负责，以便在出现异常时能及时联系处理。提氢提温宜交替缓慢进行。

按催化剂升温还原进度表要求先对催化剂进行升温，温度升至 170℃后恒温 1h，统计出水总量与理论物理出水量相当，则升温阶段结束。

联系调度，通过进口总阀之副线小阀向合成回路补入新鲜合成气，控制入塔气（H_2＋CO）浓度为 0.5%～1%，先在 170℃的反应温度下对催化剂进行还原，当（H_2＋CO）浓度下降时，可通过加氢小阀补氢，直到甲醇合成塔进出口氢浓度相等为止。维持（H_2＋CO）浓度在 0.5%～1%，逐渐增加开工蒸汽喷射器的蒸汽流量，催化剂按 2℃/h 升温速率还原，每一次提温前，甲醇合成塔进出口氢浓度一定要达到一致，以保证每级温度下催化剂都得到充分的还原。

当催化剂温度升至 190℃后，调整入塔气（H_2＋CO）浓度到 1%～2%，以 0.5℃/h 升温速率将催化剂温度升至 210℃；继续提高入塔气（H_2＋CO）浓度至 2%～8%，以 2.5℃/h 升温速率将催化剂温度升至 230℃，在此温度下继续提高入塔气（H_2＋CO）浓度至 8%～25%，恒温还原 2h，直至还原结束。

还原终点的判断：

① 累计出水量接近或达到理论出水量。

② 出水速率为零或小于 0.2kg/h。

③ 合成塔进出口（H_2＋CO）浓度基本相等。

升温还原注意事项：

① 严格按照升温曲线，进行催化剂的升温还原。

② 还原气的加入是整个还原过程的关键，要严格控制在允许范围内，并遵守“提氢不提温，提温不提氢”的原则。

③ 整个还原期间：每半小时分析一次合成塔进出口 H_2、CO、CO_2 含量。合成塔进出口（H_2＋CO）浓度差值为 0.5%左右，最高不超过 1.0%。

④ 控制循环气中 CO_2 含量＜10%，水汽浓度≤5×10^{-3}，如 CO_2 含量＞10%，应开大补 N_2 阀，排出过多的 CO_2。

⑤ 若有温度突升趋势或压缩机故障、断电等情况发生，应立即采取断 H_2、断加热蒸

汽、补氮气、系统卸压等措施，保持合成塔温度稳定。

⑥ 还原时，合成塔出口温度不准高于 240℃，还原结束后，将系统卸压到 0.15MPa，保持合成塔出口温度达到还原最终温度。

⑦ 在催化剂还原过程中，还原气应采用连续加入的方式。

还原操作注意事项：

① 还原过程中，通过控制合成塔入口温度和 H_2（或 $CO+H_2$）来控制床层温度，使其不超过 230℃。

② 还原过程的关键是控制还原反应的速率，而反应速率主要与氢浓度和反应温度有关。因此，要求氢浓度分析必须准确、升温必须平稳，并严格控制补氢速率和催化剂的出水率，使整个还原过程平稳进行。

③ 还原过程中应遵循“提氢不提温、提温不提氢”的原则。理解、掌握“三”原则，即“三低”“三稳”“三不准”“三控制”[“三低”——低温出水、低氢还原、还原后有一个低负荷生产期；“三稳”——提温稳、补氢稳、出水稳；“三不准”——不准提氢提温同时进行、不准水分带入塔内、不准长时间高温出水；“三控制”——控制补氢速度、控制（CO_2+H_2）浓度、控制好每小时出水量]。最大出水量严格控制在 300～350kg/h 之间。

【拓展阅读】

B206 型低变催化剂还原

四川××化肥分公司的年产 20 万吨合成氨系统是由××化学工程公司设计的，是完全国产化装置，即以天然气为原料，采用两段蒸汽转化法造气，高低温变换、低热耗的改良热钾碱法脱碳、甲烷化工艺、14.0MPa（表压）压力下合成氨。该系统于 2005 年 7 月 24 日点火开车，8 月 1 日即产出合成氨，创下了该装置本阶段的最好成绩。

选用南化催化剂厂（现安格公司）生产的 B206 型低变催化剂。采用氮气作为载气单独对低变催化剂进行循环升温还原（以老系统甲烷化气作为 H_2 源）。操作如下。

1　工艺条件选择

1.1　压力

低变催化剂的还原反应属等体积反应，故压力高低对化学平衡无影响。提高压力，可使空速增大，带出热量多；氢气分压高，可加快还原反应速率。但是，还原压力高，气流线速率小，易使床层局部过热超温。因此，本次还原压力控制在 0.3～0.4MPa。

1.2　温度

B206 型低变催化剂应严格控制最高点温度不超 230℃。在还原过程中，应保证入口温度为 180～200℃，床层温度为 210～220℃。

1.3　空速

低变催化剂的还原反应为强放热反应，空速大，带出热量多，可有效避免床层温度升高。为控制床层温度，缩短还原时间，应尽可能提高空速。但受系统压力限制，还原过程中的实际循环量在 $20000m^3/h$，空速保持在 $400h^{-1}$。

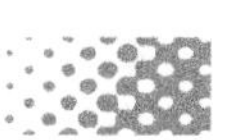

2 还原过程简介

2.1 升温期

首先建立 N_2 循环，控制低变炉出口压力（PI-205）为 0.35MPa，循环量逐渐加到 16000～18000m^3/h。再引中压蒸汽（2.5MPa 级）至开工加热炉，使循环气以 15～20℃/h 的速度将入口温度从常温升至 80℃。之后以 10～15℃/h 的速度升至 120℃，恒温 8h，用以除去催化剂中的物理吸附水。同时，进行试配 0.1%的 H_2，以确定流量计的准确度，了解配 H_2 阀门开度及流量、系统氢浓度的大小等。然后以 10～15℃/h 的速度将入口温度升至 175℃。

2.2 配 H_2 还原

还原初期：入口温度达到 183℃，且床层温度在 178℃时进行试配 H_2，还原过程中形成的水冷凝排入桶中，用磅秤称重并记录。初始 H_2 浓度控制在 0.1%～0.3%，配 H_2 后每 15min 分析一次进出口气体中的氢浓度，并观察床层温升情况及氢耗。1h 后，进/出口氢浓度分别为 0.16%和 0.073%，在入口温度基本稳定的情况下，床层温度为 180℃，仅上涨 2℃。之后，本着提 H_2 不提温、提温不提 H_2 的原则逐渐提高入口 H_2 浓度或入口气温度。12h 后，入口温度 186℃，床层第一点 TI-211 温度达到 195℃，入口氢浓度达 0.56%，出口仅为 0.021%，之后该点开始下降，下层各点先后上涨，继续提氢。本阶段排水 0.528t。

还原主期分两个阶段。

第一阶段氢浓度控制在 0.6%～1.0%，分析入口氢含量为 1.004%，出口 0.035%，床层最高温度为 212.7℃，时间 16h，出水量 1.408t。

第二阶段氢浓度控制在 1.0%～2.0%，分析入口氢含量为 1.1%，床层最高温度 215.5℃，当入口 H_2 含量达 2.05%时，出口 0.439%，床层温度达 200℃左右，温差仅 2℃。时间 11h。此阶段出水 1.496t。

还原末期：首先按照提 H_2 不提温的原则，将入口 H_2 含量在 1.5h 内由 2.05%提到 12.11%（此时出口 H_2 含量为 10.78%），之后逐渐提高进口温度，每小时提 2～3℃，最终将入口温度提至 230℃，稳定 7.5h。入口 H_2 含量达 21.51%，出口氢含量为 20.79%。还原结束后逐渐将入口温度降至 190℃。此阶段出水 0.524t。

整个还原时间 61h，理论出水量为 5.028t，实际出水量为 3.956t（估计计量偏差）。

3 还原效果

装置投运 3 个月后即组织进行了 72h 连续运转工艺技术考核，从这三天考核结果表明：在工艺气流量 11869kg/h（三天均值）的情况下，平均日产液氨 609.6t（已超 600t/d 的设计值）；同时，低变入口温度为 184.96℃，热点为 194.29℃，出气 CO 含量为 0.14%，效果很好。相关数据如表 2-1 所示。

表 2-1 还原效果相关数据表

数据 时间 / 项目	2005 年 11 月 8 日			2005 年 11 月 9 日			2005 年 11 月 10 日			均值
	中班	晚班	早班	中班	晚班	早班	中班	晚班	早班	
工艺天然气量/(kg/h)	10345	11945	12030	12164	12075	12068	12059	12082	12055	11869
TI-211(入口)/℃	183	185.6	185.9	187	187.3	185.1	182.8	183.2	184.7	184.96
TI-212(热点)/℃	192	195	195.4	196.5	196.3	194.3	192.1	192.5	194.5	194.29
低变出口 CO/%	0.149	0.156	0.12	0.112	0.117	0.120	0.162	0.152	0.143	0.14
班产液氨/t	193.3	202.4	205	203.5	206.1	206.2	198.9	206.2	207.3	203.2

4 结论

① 采用 N_2 作还原载气，并尽可能高空速，使开车过程比采用中变气作还原载气缩短 90h，大大节省了开车时间。

② 还原介质采用甲烷化气，避免了用中变气还原催化剂时还原反应热效应大，同时又发生变换反应而使床层温度难以控制。整个升温还原过程中入口最高温度为 230℃，床层最高温度才 219.5℃，从未超温，完全是按照希望的控制指标进行的。

③ 升温还原过程中既可用蒸汽压力或温度控制载气温升速度，同时又可用载气副线调节低变炉入口温度，使床层温度控制平稳，调节灵活、方便。

④ 在催化剂顶部温度达 120℃，并且在循环 N_2 的流量和压力稳定时进行试配 0.1% 的 H_2，以确认流量计的准确度、了解配 H_2 阀门开度、流量与系统 H_2 浓度的大小，从而确保了配 H_2 时万无一失。

（注：参考童刚，刘志．B206 型低变催化剂还原总结．氮肥技术，2006，03.）

任务一　制备单组分催化剂

通过沉淀剂与一种待沉淀溶液作用以制备单一组分沉淀物的方法，是催化剂制备中最常用的方法之一。由于沉淀物质只含一个组分，沉淀操作较容易，因此可以用来制备非贵金属的单组分催化剂或载体，如与机械混合和其他单元操作组合使用，又可以用来制备多组分催化剂。

【布置任务】 单组分沉淀法制备三氧化二铝（Al_2O_3）催化剂（载体）。

【分析任务】 工业上 Al_2O_3 可用作有机溶剂的脱水剂、吸附剂，有机反应的催化剂等。Al_2O_3 有多种变体，常见的有 α-Al_2O_3 和 γ-Al_2O_3，它们均为白色晶体。Al_2O_3 的实验室制备方法主要有酸法、碱法等。

酸法：以碱性物质为沉淀剂，从酸化铝盐溶液中沉淀水合氧化铝，其反应原理用方程式表示为：

$$Al^{3+} + OH^- \longrightarrow Al_2O_3 \cdot nH_2O \downarrow$$

碱法：以酸性物质为沉淀剂，从偏铝酸盐溶液中沉淀水合物，所用酸性物质包括硝酸、盐酸以及 CO_2 等，其反应原理用化学方程式表示为：

$$AlO_2^- + H_3O^+ \longrightarrow Al_2O_3 \cdot nH_2O \downarrow$$

选择什么样的金属盐（硝酸铝、氯化铝）？与金属盐相对应的沉淀剂如何选择？选择什么样的制备工序？

选择何种设备进行沉淀？选择什么工艺参数（试剂浓度、沉淀温度、干燥温度和时间、焙烧温度和时间）？选择哪种洗涤方法？

【完成任务】 结合分析过程，可以简单画出完整的工序图。如图 2-28 所示。

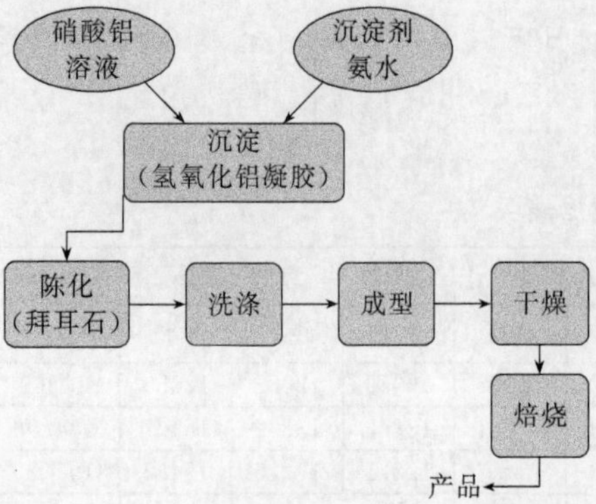

硝酸铝溶液
沉淀剂氨水
沉淀（氢氧化铝凝胶）
陈化（拜耳石）
洗涤
成型
干燥
焙烧
产品

图 2-28　制备单组分催化剂工序图

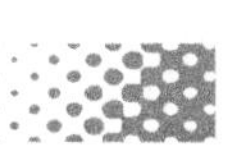

任务二　制备多组分催化剂

共沉淀法是将催化剂所需的两个或两个以上组分同时沉淀的一种方法。该方法常用来制备高含量的多组分催化剂或催化剂载体。其特点是一次可以同时获得几个组分，而且各个组分的分布比较均匀。如果各组分之间能够形成固溶体，那么分散度则会更为理想。所以共沉淀法常用来制备高含量的多组分催化剂或催化剂载体。

该方法一次可以同时获得几个催化剂组分的混合物，而且各个组分之间的比例较为恒定，分布也比较均匀。共沉淀法的分散性和均匀性好，是它相较于混合法等的最大优势。

合成 CuO-ZnO-Al_2O_3 三组分催化剂，将给定比例的 $Cu(NO_3)_2$、$Zn(NO_3)_2$、$Al(NO_3)_3$ 混合盐溶液与 Na_2CO_3 并流加入沉淀槽，在强烈搅拌下，于恒定的温度和接近中性的 pH 值条件下，形成三组分沉淀，沉淀经洗涤、过滤、干燥、焙烧后，即为该催化剂的先驱物。

【布置任务】制备一氧化碳变换催化剂（铜锌系）。

【分析任务】我国 CO 低温变换催化剂的研究始于 20 世纪 60 年代，南化集团研究院研制成功了国内第一种 CO 低温变换催化剂 B201 型（Cu-Zn-Cr 系），1966 年开发了降铜去铬的 Cu-Zn 系 B202 型催化剂（图 2-29），继而又开发了 Cu-Zn-Al 系 B204 型催化剂；20 世纪 80 年代，开发的 B206 型催化剂成功替代了进口催化剂。目前，我国用于工业生产的 CO 低温变换催化剂主要有：低铜含量的 B202、B205；高铜含量的 B204、B206、CB-2、CB-5、B205-1。我国低温变换催化剂目前已全部实现国产化。随着低水汽比变换工艺等新技术的发展，对变换催化剂的性能提出了更高的要求。研究开发低水汽比变换催化剂，使变换催化剂满足节能降耗的工艺要求，是我国 CO 低温变换催化剂研究和发展的客观需要和必然趋势。

图 2-29　CO 低温变换催化剂（铜锌系）

【完成任务】CO 变换是指原料气中的 CO 在催化剂作用下与水蒸气反应生成合成氨所需要的氢的过程。低温变换催化剂采用混沉法制备，先用硝酸分别溶解金属铜与锌，将溶液混合后用纯碱溶液共沉淀，洗涤后在料浆中加入 $Al(OH)_3$，或无定形 Al_2O_3，经过滤、

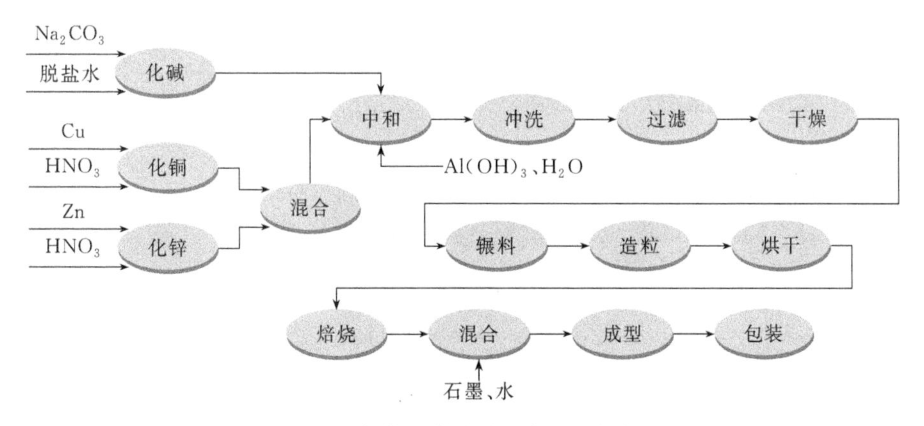

图 2-30　铜锌系催化剂生产流程框架图

干燥、碾压、造粒、焙烧分解后压片成型（图 2-30）。

任务三　均匀沉淀法制备催化剂

均匀沉淀法是在沉淀的溶液中加入某种试剂，此试剂可在溶液中以均匀的速率产生沉淀剂的离子或者改变溶液的 pH 值，从而得到均匀的沉淀物。如常用的沉淀剂尿素，其水溶液在 70℃左右可发生分解反应而生成 NH_4^+ 和 OH^-，OH^- 起到沉淀剂的作用，金属离子与 OH^- 反应得到金属氢氧化物或碱式盐沉淀。尿素的分解反应如下：

$$\underset{\text{(母体)}}{(NH_2)_2CO}+3H_2O \xrightarrow{70℃} 2NH_4^+ + \underset{\text{(沉淀剂)}}{2OH^-} + CO_2\uparrow$$

常温下，该溶液体系无明显变化，当加热至 70℃以上时，尿素就发生如下水解反应：

$$(NH_2)_2CO+3H_2O \longrightarrow 2NH_4OH+CO_2\uparrow$$

这样在溶液内部生成沉淀剂 NH_4OH。若溶液中存在金属离子将 NH_4OH 消耗掉，不致产生局部过浓现象。当 NH_4OH 被消耗后，$(NH_2)_2CO$ 继续水解，产生 NH_4OH。

因为尿素的水解是由温度控制的，故只要控制好升温速度，就能控制尿素的水解速度，这样可以均匀地产生沉淀剂，从而使沉淀在整个溶液中均匀析出。

通常这样添加的试剂称为沉淀剂母体，操作是使待沉淀金属盐溶液与沉淀剂母体充分混合，预先形成一种十分均匀的体系，然后调节温度和时间，逐渐提高 pH 值，或者在体系中逐渐生成沉淀剂等方式，创造形成沉淀的条件，使沉淀缓慢进行，以制得颗粒十分均匀而且比较纯净的沉淀物。这不同于前面介绍的两种沉淀法，不是把沉淀剂直接加到待沉淀溶液中，也不是加沉淀后立即沉淀。因为这样的操作难免会出现沉淀剂与待沉淀组分混合不均，造成体系各处过饱和度不一致、沉淀颗粒粗细不等、杂质带入较多的现象。均匀沉淀不限于利用中和反应，还可以利用酯类或其他有机物的水解、络合物的分解、氧化还原反应等方式来进行。均匀沉淀常用的沉淀剂母体见表 2-2。

表 2-2　常用的均匀沉淀剂母体

沉淀剂	母体	沉淀剂	母体
OH^-	尿素	S^{2-}	硫代乙酰胺
PO_4^{3-}	磷酸三甲酯	S^{2-}	硫脲
$C_2O_4^{2-}$	尿素与草酸二甲酯或草酸	CO_3^{2-}	三氯乙酸盐
SO_4^{2-}	硫酸二甲酯	CrO_4^{2-}	尿素与 $HCrO_4^-$
SO_4^{2-}	黄酰胺		

例如，制备纳米 MgO 颗粒，可以选用尿素作沉淀剂母体，调节温度和 pH 值，沉淀产生后经过滤、干燥、焙烧，可得 MgO 粉体。反应原理如下：

$$CO(NH_2)_2+3H_2O \xrightarrow{\triangle} 2NH_4^+ + 2OH^- + CO_2\uparrow$$

$$Mg^{2+}+2OH^- \longrightarrow Mg(OH)_2\downarrow$$

$$Mg(OH)_2 \xrightarrow{\triangle} MgO+H_2O\uparrow$$

还有，制备 ZnO 粉体，可选用六甲基四胺作沉淀剂母液，调节温度，沉淀剂母体与水反应，产生氨水溶液作沉淀剂，从而与锌离子发生沉淀反应，再将沉淀物过滤、洗涤、干

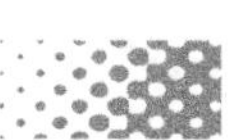

燥、焙烧，可得 ZnO 粉体。反应原理如下：

$$(CH_2)_6N_4+10H_2O \xrightarrow{\triangle} 6HCHO+4NH_3\cdot H_2O$$

$$Zn^{2+}+2NH_3\cdot H_2O \longrightarrow Zn(OH)_2\downarrow+2NH_4^+$$

$$2Zn(OH)_2 \xrightarrow{\triangle} ZnO+H_2O$$

利用均匀沉淀法制备纳米颗粒，能克服一般沉淀法中沉淀剂与待沉淀溶液混合不均匀、沉淀颗粒粗细不均、沉淀含杂质较多等缺点。均匀沉淀法还具有原料成本低、工艺简单、操作简便、对设备要求低等优点，能够制备出多种纳米氧化物，而且减少了环境污染，具有较好的社会效益和环境效益。

【布置任务】 均匀沉淀法制备氧化铝催化剂。

【分析任务】 在理解什么是沉淀剂母体后，首先要选择合适的沉淀剂母体，确定金属盐溶液，确定操作设备和工序，即可完成任务。

【完成任务】 如图 2-31 所示，即为均匀沉淀法制氧化铝催化剂的生产流程框架图。

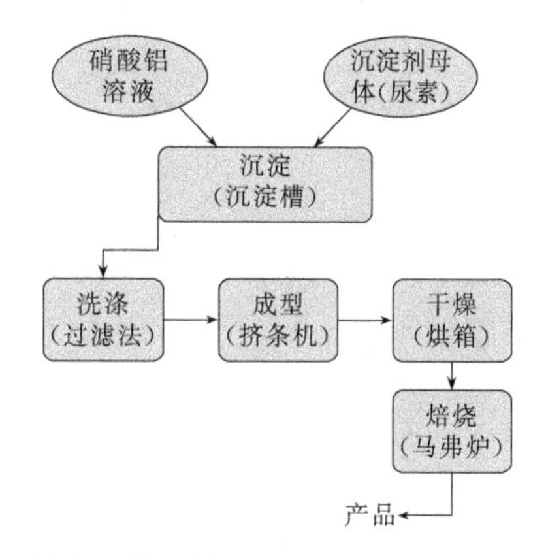

图 2-31 均匀沉淀法制氧化铝催化剂的生产流程框架图

任务四 浸渍沉淀法制备催化剂

简单来说，浸渍沉淀法就是待金属盐溶液浸渍操作完成后，再加入沉淀剂，使待沉淀组分沉积在载体上的制备方法。

沉淀浸渍法是在浸渍法的基础上辅以均匀沉淀法发展起来的一种新方法，即在浸渍液中预先配入沉淀剂母体，待浸渍单元操作完成之后，加热升温使待沉淀组分沉积在载体表面上。可以用来制备比浸渍法分布更加均匀的金属或金属氧化物负载型催化剂。

【布置任务】 浸渍沉淀法制备 Pt/Al_2O_3 催化剂。

【分析任务】 理解浸渍的概念，确定操作原则：一般是先浸渍工序后沉淀工序。根据工艺要求确定好载体（理化性质），再选择合适的金属盐溶液和沉淀剂（浓度），确定工序，选择相应工序下要求的设备等。

【完成任务】 铂金属盐溶液通常选 H_2PtCl_6 溶液，先将合适的载体浸渍在一定浓度的 H_2PtCl_6 溶液中，然后用沉淀剂 NaOH 滴加在载体上沉淀物沉积在载体上。按理论分析生产流程可以简化如图 2-32 所示。

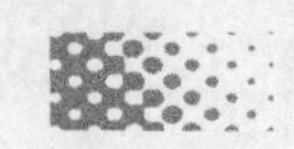

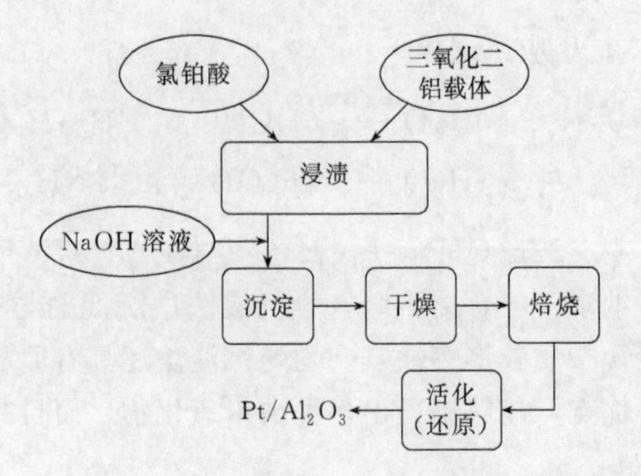

图 2-32　浸渍沉淀法制备 Pt/Al_2O_3 催化剂生产流程图

任务五　导晶沉淀法制备催化剂

导晶沉淀法是借助晶化导向剂（晶种）引导非晶形沉淀转化为晶形沉淀的快速而有效的方法。近年来，普遍应用该方法来制备以廉价的水玻璃为原料的高硅钠型分子筛，包括丝光沸石、Y 型合成分子筛、X 型合成分子筛。

所谓晶化导向剂，就是化学组成、结构类型与分子筛相类似、具有一定粒度的半晶化分子筛。这种外加晶种引导结晶的方法称为导晶法。

以钠型分子筛的一般制法来说明导晶沉淀法。

在合适的温度下用含硅化合物、含铝化合物、碱以及去离子水作为反应原料通过水热合成法制备分子筛。水热合成法是用含硅化合物、含铝化合物、碱、水以及有机胺模板剂组成的混合物在一定温度下晶化一般时间，通过控制温度、压力合成晶体。反应温度在 20～150℃之间，称为低温水热合成反应；反应温度高于 150℃，称为高温水热合成反应。对于 Y 型分子筛的合成而言，一般以偏铝酸钠、氢氧化钠和水玻璃为原料，在一定温度下反应生成硅铝酸钠，成胶以后的硅铝酸钠凝胶经一定时间和温度晶化成晶体，这相当于前面沉淀法中的陈化工序。晶化温度和时间应严格控制，且不宜搅拌过于剧烈，通常采用反应沸点附近为晶化温度，Y 型分子筛一般控制温度为 97～100℃。

【布置任务】采用导晶沉淀法制备钠型丝光沸石。

【分析任务】什么是导晶？选择合适的晶种；选择合适的设备和工艺参数（如反应温度、搅拌速度、晶化温度和时间）；选择合适洗涤剂和洗涤方法以及需要哪些工序。

【完成任务】在实验室，分析完成之后可以选择合适的溶剂浓度和参考的工艺参数，按照图 2-33 中的工序完成分子筛的制备。

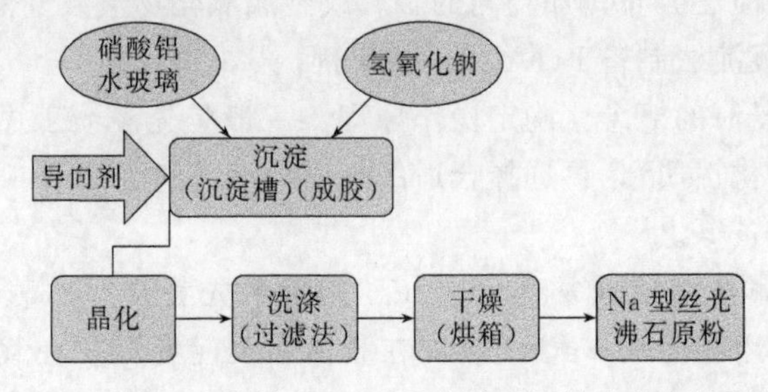

图 2-33　导晶沉淀法制备 Na 型丝光沸石原粉生产流程框架图

学习情境3

浸渍法制备催化剂

【知识目标】

1. 学习浸渍原理和浸渍法制备催化剂的一般步骤。
2. 学习并理解浸渍液的要求。
3. 学习浸渍法制备催化剂的一般工序。

【能力目标】

1. 能在实验室完成过量浸渍法的操作步骤。
2. 能在实验室完成等体积浸渍法的操作步骤。
3. 能在实验室完成普通浸渍沉淀法的操作步骤。
4. 能完整地判断每个工业制备工序的使用设备及其作用。

一、浸渍法概述

浸渍法是通过浸润在载体上留渍的一种方法。它是一种制备负载型催化剂常用的方法。将载体浸泡在含有活性组分（注：助催化剂组分）的可溶性化合物溶液中，接触一定的时间后除去过剩的溶液，再经过干燥、焙烧和活化，即可制得催化剂。

浸渍法通常包括载体预处理、浸渍液配置、浸渍、过滤、干燥、焙烧和活化等过程。浸渍法适用于制备稀有贵金属催化剂、活性组分含量较低的催化剂以及有些需要高机械强度的催化剂。

活性溶液必须浸在载体上，常用的多孔性载体有氧化铝、氧化硅、活性炭、硅酸铝、硅藻土、浮石、石棉、陶土、氧化镁、活性白土等，可以用粉状的，也可以用成型后的颗粒状的。氧化铝和氧化硅这些氧化物载体，就和表面具有吸附性能的大多数活性炭一样，很容易被水溶液浸湿。另外，毛细管作用力可确保液体被吸入到整个多孔结构中，甚至一端封闭的毛细管也将被填满，而气体在液体中的溶解则有助于过程的进行，但也有些载体难于浸湿，例如高度石墨化或没有化学吸附氧的碳就是这样，可用有机溶剂或将载体在抽空下浸渍。

浸渍法与沉淀法相比具有如下优点。

① 可以用既成外形与尺寸的载体，省去催化剂成型的步骤。

② 可以选择合适的载体，提供催化剂所需物理结构特性（比表面积、孔半径、机械强度）。

③ 负载组分多数情况下仅仅分布在载体表面上，其利用率高、用量少、成本低，这些特点对于 Pt、Rh、Pd 等贵金属催化剂而言特别重要。

但是该方法依然具有一定的缺点，如焙烧产生污染气体、干燥过程会导致活性组分的迁移等。

二、浸渍原理

浸渍液里活性物质在溶液里应具有溶解度大、结构稳定且在焙烧时可分解为稳定活性化合物的特性。

浸渍法要求载体机械强度高、耐热性能好，具有适宜的形状、大小、比表面积、孔结构、适宜的酸碱性和足够的吸水率；载体不含使催化剂中毒和导致副反应发生的物质，原料易得、制备简单。常用的多孔性载体为氧化铝、硅胶、活性炭、分子筛、硅藻土、硅酸铝、浮石、活性白土等。

1. 浸渍法的基本原理

浸渍法的基本原理有如下两点：一是固体的空隙与液体接触时，由于表面张力的作用而产生毛细管压力使得液体透到毛细管内部；二是活性组分在孔内扩散以及在载体表面上被吸附。

浸渍法虽然操作简单，但是在制备过程中有很多因素影响催化剂的最终活性。影响因素包括载体的预处理方法、浸渍液的性质、载体的性质、浸渍条件、竞争吸附剂的影响、浸渍后热处理等。

载体的预处理过程常见的有焙烧、酸化、钝化、扩孔等。

浸渍条件的影响因素包括浸渍时间、浸渍液浓度及 pH 值、温度的调控。催化剂要求活性组分含量较高时，需用高浓度浸渍液进行浸渍，因为受化合物溶解度的限制，需要加热把金属盐类溶解，且高浓度浸渍液中活性组分不易浸透粒状载体的微孔，故所制备的催化剂中载体颗粒内外金属负载量不均匀，载体微孔将被阻塞，金属晶粒的粒径较大且分布较宽。溶液的 pH 值主要有两个作用：一是对保证浸渍液不会产生沉淀或结晶有着重要的作用；二是对载体的吸附性能有较大影响。由于吸附是放热反应，所以浸渍液的温度高不利于活性组分的吸附，但是浸渍液温度过低也会造成活性组分结晶析出。

提高还原速率，可增大晶核生产速率，进而可提高金属分散度。通常在不发生烧结的前提下，尽可能升高还原温度，采用较高的还原气空速，尽可能降低还原气中水蒸气分压（注：参考前面还原操作）。

2. 竞争吸附

在浸渍液中除了活性组分以外，有时还加入适量的第二组分，载体在吸附活性组分的同时也吸附第二组分，所加入的第二组分就称为竞争吸附剂，这种作用称为竞争吸附作用。常用竞争吸附剂有柠檬酸、酒石酸、盐酸、草酸、乳酸、三氯乙酸等。

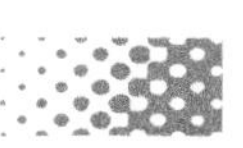

适量加入竞争吸附剂可使活性组分达到均匀分布；当多个组分在吸附剂表面进行吸附时会发生相互竞争的现象。这样的吸附过程可能是不同组分分别吸附在不同类型的活性中心上，也可能是都吸附在相同类型的活性中心上。对于后者，各个组分吸附量的多少，取决于各个组分与活性中心作用力的强弱，强者的吸附量大，这种现象就是竞争吸附现象。

如果溶质是快速吸附，且含量少，如贵金属催化剂就需要采用竞争吸附制备法。竞争吸附制备法是指在溶液中引入竞争吸附剂来控制活性组分在载体上的分布的方法。竞争吸附剂的参与，可使载体一部分表面被竞争吸附剂所占据，从而控制活性组分不止分布在颗粒外部，也能渗透到颗粒的内部，竞争吸附剂的适量加入，可使活性组分达到均匀分布。

三、浸渍方法

1. 过量溶液浸渍法

将载体浸入过量的浸渍溶液中（浸渍液体积超过载体可吸收体积），待吸附平衡后，沥去过剩溶液，干燥、活化后得到催化剂成品。

该方法的优点是活性组分分散比较均匀，并且吸附量能达到最大值；缺点就是不能控制活性组分的负载量。通常并不是负载量越大、活性越好，负载量过多，离子也容易聚集。

2. 等体积浸渍法

将载体与其正好可吸附体积的浸渍溶液相混合，由于浸渍溶液的体积与载体的微孔体积相当，只要充分混合，浸渍溶液恰好浸没载体颗粒而无过剩，可省去废浸渍液的过滤与回收。该方法的特点与过量溶液浸渍法相反，活性组分的分散度很差，有的地方颗粒小，有的地方颗粒大。在实验中，载体倒入时有一个前后顺序，先与溶液接触的载体会吸附更多的活性相，放置时间长有助于活性组分的扩散。但是它能比较全面地控制活性组分的负载量。

需要多少体积的浸渍液，在制备前先试验测定。

3. 多次浸渍法

需要重复多次的浸渍、干燥和焙烧，以制取活性物质含量较高的催化剂的方法即称为多次浸渍法。

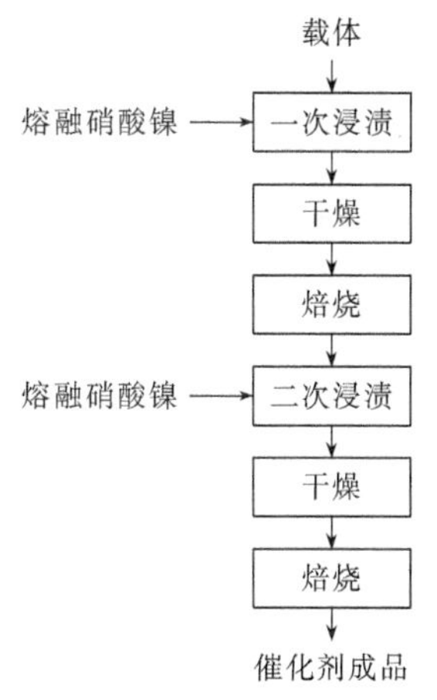

图 3-1　多次浸渍法工序框图

使用多次浸渍法的原因通常有两点：一，浸渍的金属盐类或化合物的溶解度小，一次浸渍的负载量少，需要重复浸渍多次；二，为了避免多组分浸渍化合物各组分的竞争吸附，应将各个组分按次序先后浸渍。

每次浸渍后必须进行干燥和焙烧，使之转化为不溶性的物质，这样可以放置上一次浸渍在载体上的化合物在下一次浸渍时又溶解到浸渍液中，也可以提高下一次浸渍时载体的吸附量。从多次浸渍法的制备工序来看，该方法能耗高、效率低，除非特殊情况，一般不采用。

例如：水蒸气转化制合成气的催化剂制备（多次浸渍）过程中，镍为活性组分，采用熔融硝酸镍为浸渍液，重复“浸渍-干燥-焙烧”制备镍含量高的固体催化剂。其简单工序如图 3-1 所示。

4. 浸渍沉淀法

浸渍沉淀法是制备某些贵金属浸渍型催化剂的常用方法，即先浸渍金属溶液而后将金属离子进行沉淀的一种制备方法，亦称为沉积沉淀法。该方法通常是将载体在含有活性金属组分的溶液中浸泡一段时间，再加入沉淀剂，使金属沉淀物沉积在载体上。用该方法所得到的催化剂活性组分颗粒度比较小。

浸渍沉淀法的另一种操作就是在浸渍法的基础上辅以均匀沉淀法，即在浸渍液中预先加入沉淀剂母体，待浸渍单元操作完成后，加热升温，使沉淀组分沉积在载体表面上。此法可以用来制备比普通浸渍法分布更均匀的金属或金属氧化物负载型催化剂。

采用浸渍沉淀法和普通浸渍法制备同一催化剂时，前一种方法制得的催化剂的贵金属活性组分不仅易于还原，而且粒子较细，并且还不会产生高温焙烧分解氯化物时造成的废气污染。

5. 流化喷洒浸渍法

对于流化床反应器所使用的细粉状催化剂，可应用本法，即将浸渍溶液直接喷洒到反应器中处于流化状态的载体上，完成浸渍后，接着进行干燥和焙烧。在流化床内可一次完成浸渍、干燥、分解和活化过程。流化床内放置一定量的多孔载体颗粒，通入气体使载体流化；再通过喷嘴将浸渍液向下或用烟道气对浸渍后的载体进行流化干燥；然后升高床温使负载的盐类分解，逸出不起催化作用的挥发组分；最后用高温烟道气活化催化剂，活化后鼓入冷空气进行冷却，然后卸出催化剂。鼓风机送来的空气分两路：一路经加热器进入流化床，使载体颗粒流化，废气在床顶接管放空；另一路进入喷嘴的套管内，用以雾化浸渍液。载体由床顶加料口加入，催化剂由分布板上卸料口卸出。

该方法适用于多孔载体的浸渍，制得的催化剂与普通浸渍法没有区别，具有流程简单、操作方便、周期短等优点；但是易出现催化剂成品收率低（在80%～90%以下）、易结块、颗粒不均匀等不良情况。

6. 蒸气相浸渍法

可借助浸渍化合物的挥发性，以蒸气的形态将其负载到载体上去。适用于蒸气相浸渍法的活性组分的沸点通常是比较低的。这种方法首先应用于正丁烷异构化过程中的催化剂$AlCl_3$/铁矾土的制备。

$AlCl_3$/铁矾土催化剂的制备过程如下。在反应器内，先装入载体铁矾土，然后用热的正丁烷气流将活性组分$AlCl_3$升华并带入反应器，使它浸渍在载体上。当负载量足够时，便可切断气流中的$AlCl_3$。通入的正丁烷转入异构化反应。该催化剂在使用过程中活性组分也容易流失。为了维持催化性稳定，必须连续补加浸渍组分。

任务一　制备乙炔制醋酸乙烯催化剂

【布置任务】 制备乙炔制醋酸乙烯催化剂。

【分析任务】 醋酸乙烯即乙酸乙烯，是常见的有机原料，可以用于制造醋酸乙烯聚合物和共聚物，合成维尼纶，也用作黏结剂和涂料工业等的化学试剂。

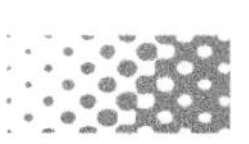

合成方程式：$C_2H_2+CH_3COOH \longrightarrow CH_3COOCHCH_2$

催化剂：醋酸锌/活性炭。

选择合适的金属盐溶液：醋酸锌。

选择合适的载体：粒状活性炭。

要求浸渍体积无剩余。需要多少体积的浸渍液，在制备前先试验测定，也可参考前人经验。

工序：查阅资料，选择合适浸渍液浓度、温度，选择浸渍方法；确定干燥温度、焙烧温度。

设备：根据工艺条件选择合适的成型设备、干燥设备、焙烧设备等相关设备。

【完成任务】在制备前先试验测定　标准体积的载体需要多少体积的浸渍液正好等体积浸渍。实际生产过程中，可省去焙烧和还原两个工序，主要是因为该催化剂的活性组分就是醋酸锌（图 3-2）。

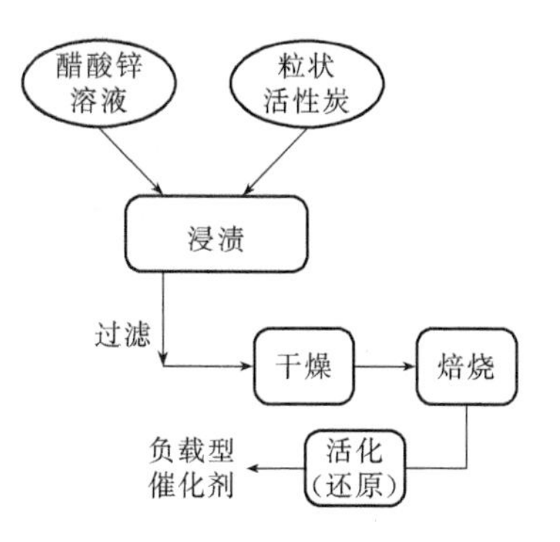

图 3-2　乙炔制醋酸乙烯催化剂生产流程框图

任务二　制备铂/氧化铝重整催化剂

【布置任务】制备铂/氧化铝重整催化剂。

【分析任务】查阅资料：从 1940 年到 1949 年，工业装置上主要采用钼、铬金属氧化物为活性组分的催化剂（MoO_3/Al_2O_3 和 Cr_2O_3/Al_2O_3）。与近代铂重整催化剂相比，该催化剂活性及芳构化选择性都相对较低，尤其是烷烃的芳构化选择性低，活性稳定性差，运转周期短，反应 4～12h 后，即需进行催化剂烧焦再生。

1949 年美国环球油品公司（UOP）成功开发了含贵金属铂的重整催化剂，并建成投产了第一套铂重整（PLATIFORMING）工业装置。Pt/Al_2O_3 重整催化剂的发明，开创了催化重整的新纪元。Pt/Al_2O_3 催化剂的活性高（比 MoO_3/Al_2O_3 催化剂的活性高 10 多倍，比 Cr_2O_3/Al_2O_3 催化剂的高 100 多倍），选择性好，液体产品收率高，稳定性好，连续反应的运转周期长。上述诸多优点使 Pt/Al_2O_3 催化剂在 20 世纪 50～60 年代得到迅速发展，很快取代了含钼和铬氧化物的催化剂。1967 年美国雪弗隆公司首次宣布，成功研发出 Pt-Re/Al_2O_3 双金属重整催化剂，并在埃尔帕索炼厂投入工业应用，命名为铼重整（RHEN1FORMING）。Pt-Re/Al_2O_3 双金属重整催化剂，不仅其活性得到改进，选择性明显提高，更重要的是其稳定性较 Pt/Al_2O_3 催化剂有了成倍提高，从而可使重整装置能在较低压力（1.5～2.0MPa）下长期运转，烃类芳构化选择性显著改善。Pt-Re/Al_2O_3 双金属催化剂的成功开发，又一次使催化重整技术获得新的提高。20 多年来，各国相继研究并成功开发出了多种双（多）金属重整催化剂，如 Pt-Ir、Pt-Sn、Pt-Ge 系列催化剂等。

分析催化剂组分：载体为 γ-Al_2O_3，金属活性组分为铂（Pt）。铂（Pt）来源：金属盐溶液氯铂酸（H_2PtCl_6）。

根据生产要求分析，需采用哪些设备、工序，确定工艺参数（试剂浓度、温度；确定干燥和焙烧的温度、时间）。由于该催化剂制备过程采用过量浸渍法，需要确保金属组分的含量，需要过滤。

【完成任务】工业制备方法及工序如下。①载体氧化铝的制备：由于氢氧化铝是氧化铝的母体，故先制备氢氧化铝，沉淀（成胶）-老化-洗涤-干燥-成型工序。②负载金属组元的方法：氯铂酸和高铼酸配制成浸渍混合液，引入铂、铼金属组元。③催化剂的活性化：干燥，要防止所吸附的金属活性组元再次迁移，造成金属组元分布不均匀；焙烧，让浸渍的金属盐类转化为相应的金属氧化物，以便其还原后成为具有活性的金属组元（使用前还需要还原）。工业生产工序图如图 3-3 所示。

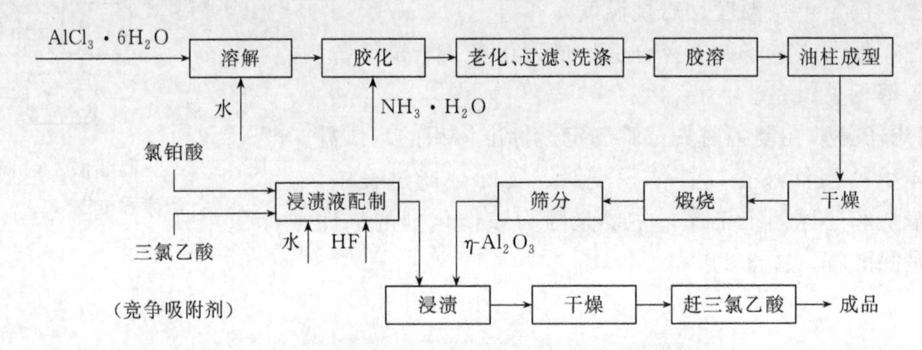

图 3-3　工业制备铂/氧化铝重整催化剂工序图

实验室完成方法及工序如下。以市售高纯 γ-Al_2O_3 为载体，压成圆柱状，载体比表面积和吸水率已知。将载体加热至 539℃，冷却后在室温下将足量的氯铂酸溶液浸入其中，使成品催化剂中铂含量 0.1%～0.8%，浸渍后沥出浸渍液，120℃干燥过夜，在 205～593℃范围内加热 4h，再于 593℃加热 1h。制成后密封储存（使用前还原）。其简单工序如图 3-4 所示。

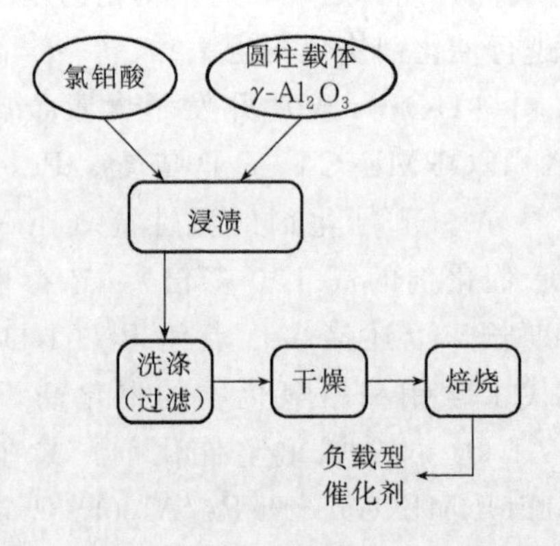

图 3-4　铂/氧化铝重整催化剂的实验室制备工序图

学习情境 4

混合法及热熔融法制备固体催化剂

【知识目标】

1. 学习混合法制备催化剂的一般步骤。
2. 学习热熔融法制备催化剂的一般步骤。

【能力目标】

1. 能叙述混合法制备固体磷酸催化剂步骤，并能在实验室条件下制备催化剂。
2. 能叙述转化吸收型锌锰系脱硫催化剂的制备步骤，并能在实验室条件下制备催化剂。
3. 能叙述出热熔融法制备合成氨熔铁催化剂的原料和一般工序。

一、混合法概述

混合法是制备多组分固体催化剂时常用的一种方法。该方法是将几种组分用机械混合的方法制成多组分催化剂。其原理是将组成催化剂的各种组分以粉状粒子的形态在球磨机或碾合机内边磨细边混合，使各组分粒子之间尽可能均匀分散。许多固体催化剂是用比较简单的混合法经碾压制成。其基本操作时将活性组分与载体机械混合后，碾压至一定程度，最后煅烧、活化。一般可分为湿混法和干混法两种。

(一) 湿混法

湿混法制备工艺一般是将活性组分（通常以沉淀得到的盐类或氢氧化物形式）与干的助催化剂或载体、黏结剂进行湿式碾合（捏合机），然后进行挤条成型，经干燥、焙烧、过筛、包装后即为成品。

1. 五氧化二钒催化剂

国内生产硫酸，钒催化剂：V_2O_5 碱金属硫酸盐和硅藻土共混而成。一般制备工序：①将硅藻土精制，使硅藻土中 SiO_2 含量达到 83%以上；②将 V_2O_5 通过 KOH 进行处理，使之变成 KVO_3 溶液；③在 KVO_3 溶液中加入 H_2SO_4 形成中和后的胶状物；④将精制硅藻土、胶状物、元明粉和硫黄计量后倒入碾子进行充分混碾；⑤将混碾后的物料通过挤条机成型后，干燥、焙烧形成产品。

2. 固体磷酸催化剂

磷酸用于催化有三种方式：一是液态直接使用；二是涂于石英表面成膜后使用；三是负载于硅藻土等吸附性载体上形成固体磷酸。

固体磷酸用于烯烃的聚合、异构化、水合等化学反应。制备工序：100份硅藻土中，加入300～400份的90％正磷酸和30份石墨，充分搅拌均匀，形成湿物料，再干燥、成型、焙烧。

(二) 干混法

干混法操作步骤最为简单，只要把制备催化剂的活性组分、助催化剂、载体或黏结剂、润滑剂、造孔剂等放入混合器内进行机械混合，然后送成型工序，再经热处理后即成为成品。

1. 转化-吸收型脱硫剂

转化-吸收型脱硫剂的制造，是将活性组分（如二氧化锰、氧化锌、碳酸锌）与少量黏结剂（如氧化镁、氧化钙）的粉料计量后连续加入一个可调节转速和倾斜度的转盘（成型设备：捏合机）中，同时喷入计量的水。粉料滚动混合黏结，形成均匀直径的球体，此球体再经干燥、焙烧即为成品。

2. 乙苯脱氢催化剂

乙苯脱氢制苯乙烯的Fe-Cr系催化剂，是由氧化铁、铬酸钾等固体粉末混合压片成型、焙烧制成的。利用此法时应重视粉料的粒度和物理性质。

总体来说，混合法中以干混法操作步骤最为简单，湿混法的制备工艺复杂一些。对于干混法而言，为了提高机械强度，一般在混合过程（参考成型操作工序）中需要加入一定量的黏结剂。

任务一　采用混合法制备硫酸生产用的钒催化剂

【布置任务】混合法制备硫酸生产用的钒催化剂。

【分析任务】一般工业上二氧化硫氧化催化剂采用的是橘黄色、砖红色、红棕色结晶粉末或灰黑色片状钒催化剂。

由钒渣的物相结构可知，钒在钒渣中是以3价V离子状态存在于尖晶石物相中，同时，钒渣中还含有硅酸盐玻璃体、金属铁等物相，从钒渣中提钒主要是将低价钒氧化成5价钒，使之生成溶解于水的钒酸钠，再用水浸出到溶液中使钒与固相分离，然后再从溶液中沉淀出钒酸盐，使钒与液相分离，最终将钒酸盐转化成五氧化二钒。钒渣的氧化焙烧是将钒渣破碎到一定粒度，与钠盐混合后在氧化气氛加热炉内加热，使钒完成氧化并转化为可溶性钒酸钠的钒化过程。水溶钒转化程度的高低，直接影响到钒的回收率。

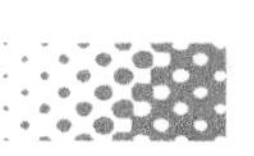

【**完成任务**】传统的以碳酸钠为主作为添加剂的钒渣生产五氧化二钒的工艺流程主要有原料预处理（包括钒渣破碎、球磨、除铁、配料、混料）、氧化焙烧、熟料浸出、沉钒及熔化 5 个工序。

原料预处理的工序包括钒渣破碎、球磨、除铁、配料、混料等。原料预处理是将钒渣破碎到一定的粒度后再与一定比例的钠盐添加剂混合均匀的过程，钒渣破碎是将大块钒渣经破碎机和球磨机粉碎到一定粒度的粉末状态。钒渣破碎提高了钒渣的比表面积，保证钒渣在氧化焙烧过程中能充分氧化。为避免金属铁在氧化焙烧过程中放出大量热量致使炉料黏结，钒渣要磁选除铁。为了提取钒渣中的钒，使之变为溶解于水的钒酸钠，因此要配入一定量的钠盐添加剂，且以碳酸钠为主。

焙烧工序：焙烧转化率是指熟料中转化为可溶钒的钒量占全部钒的比例；影响焙烧转化率的因素很多，除了与钒渣的结构和化学成分有关外，还与钒渣的粒度、添加剂的种类、添加剂的用量、焙烧温度、焙烧时间等多种因素有关。目前焙烧的设备采用回转窑，炉温多控制在 800℃左右。

浸出工序：钒渣经焙烧后称为熟料，熟料的浸出通常是水浸。水浸是指将熟料中的可溶性钒酸钠溶解到水溶液的过程。浸出方式有连续式和间歇式两种。影响浸出率的因素包括熟料粒度、熟料可溶钒含量、液固比、浸出温度、浸出时间、搅拌、浸出方式等。结合生产实际，可采用间歇式进行浸出。

沉钒工序：沉钒方法有水解沉钒法和铵盐沉淀法。为制取高品位的五氧化二钒，需采用铵盐沉淀法。目前采用酸性多钒酸铵沉淀法，将净化后的碱性溶液在搅拌下加入硫酸中和，当钒酸钠溶液 pH 值在 5 左右时，加入铵盐，再用硫酸调节 pH 值在 2.5 左右，在加热、搅拌后可结晶出橘黄色多钒酸铵。该工序操作简单、沉钒结晶速度快，铵盐消耗量低，产品纯度高。

【**例 4-1**】片状五氧化二钒的制备

五氧化二钒的工业产品，大部分是用于冶金行业，因此主要以片状为主，酸性铵盐沉钒的产物多钒酸铵中含有大量的硫酸铵，在过滤过程中要进行洗涤，一般用质量分数为 1%的氨水溶液进行洗涤，洗涤后得到“黄饼”。从“黄饼”到片状五氧化二钒要经过脱水、脱氨和熔化三个步骤，最后再包装成桶。完成任务（工序）示意图如图 4-1 所示。

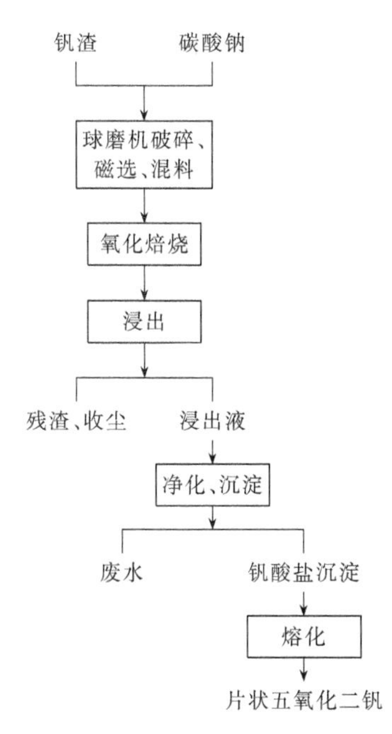

图 4-1　片状五氧化二钒的制备工序示意图

二、热熔融法概述

热熔融法是指在高温条件下进行催化剂组分的熔合，使其成为均匀的混合体、合金固溶体或氧化物固体的方法。该方法适用于少数不得不经历熔炼过程的催化剂，为的是要借助高温条件将各个组分熔炼成为均匀分布的混合物，甚至形成氧化物固溶体或合金固溶体。固溶体是指几种固体成分相互扩散所得到的极其均匀的混合体，也称固体溶液。该法特征操作工序是熔炼（此为复杂、高能耗工序）。

熔炼温度、熔炼次数、环境气氛、熔浆冷却速度等因素对催化剂的性能都会有一定影响，操作时应予以充分注意。常用的制备程序：固体的粉碎，高温熔融或烧结，冷却，破碎成一定粒度，活化。合成氨催化剂常采用该法制备。

【例 4-2】合成氨熔铁催化剂的制备

将磁铁矿、硝酸钾、氧化铝于 1600℃高温熔融，冷却后破碎，然后在氢气或合成气中还原即得 $Fe\text{-}K_2O\text{-}Al_2O_3$ 催化剂。

另外，工业上骨架催化剂是一类常用于加氢、脱氢反应的催化剂。这类催化剂的特点是金属分散度高、催化活性高。常用的是骨架镍，其他的还有骨架钴、骨架铁催化剂。骨架催化剂又称 Raney 催化剂。

骨架催化剂的制备分为以下三步。

① 合金的制取。将活性组分金属如 Fe、Co、Ni、Cu、Cr 等和非活性金属如 Al、Mg、Zn 等在高温下制成合金。

② 合金的粉碎。合金的成分直接影响粉碎的难易程度。

③ 合金的溶解。溶去非活性金属。苛性钠最常用于溶解这些金属。

【例 4-3】骨架镍催化剂的制备

将金属镍和铝按 3∶7 比例混合，于 900～1000℃下熔融，然后浇铸成圆柱体，并破碎，用合适浓度和合适量的 NaOH 溶液处理 Ni-Al 合金，使其中的金属 Al 以 $NaAlO_2$ 形式进入溶液中，与 Ni 分开。NaOH 溶液的浓度和用量对骨架镍催化剂的性质影响很大。具体流程如图 4-2 所示。

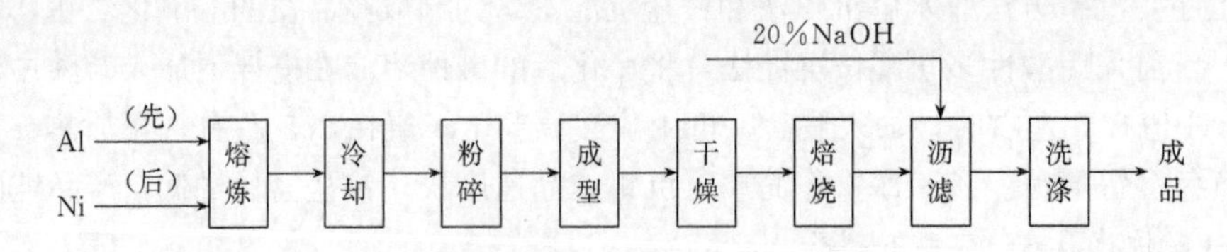

图 4-2　骨架镍催化剂的制备工序流程图

经碱处理后的骨架催化剂的活性金属组分非常活泼，例如，其中 Ni 原子甚至活泼到可在空气中自燃的程度，这是因为催化剂表面上吸附有氢。用水煮或放在乙酸中浸泡可以钝化新鲜催化剂。钝化后的催化剂仍然很活泼，需要保存在酒精等溶剂中。

任务二　采用热熔融法制备合成氨熔铁催化剂

【布置任务】采用热熔融法制备合成氨熔铁催化剂。

【分析任务】目前，合成氨工业中普遍使用的催化剂是以铁为主体的多组分熔铁催化剂，又称铁触媒。主要成分是 Fe_3O_4，含量在 90%左右。助催化剂为 K_2O、Al_2O_3、CaO、MgO 等，含量小于催化剂总质量的 9%，低压催化剂还增加了 CoO（如国产 A201 等）。助催化剂按作用机理不同可分为两种类型：一类是结构型助剂，如 Al_2O_3、Cr_2O_3、ZrO_2、TiO_2、MgO、CaO、SiO_2 等难熔氧化物；另一类是电子型助剂，如 K_2O。在现有的以 Fe_3O_4 为主体组分的工业催化剂中，国内的 A106、A109、A110 系列催化剂的主要助剂有氧化铝、氧化钾、氧化钙；国外的 S6-10、KMIIR、CA-1BIT 系列催化剂还添加了氧化镁作为助剂；还有一类添加钴作为助剂的催化剂，如国内的 A201、A202 系列，英国的 ICI74-1 和美国的 C73-302 催化剂等；添加稀土助剂的有 FA401、A203 系列催化剂。每种类型助剂

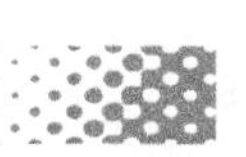

都有各自的最佳添加量，一般在 0.6%～1.0%范围内。研究表明，最好的熔铁催化剂应该只有一种铁氧化物（单相性原理），任何两种铁氧化物的混杂都会降低催化剂的催化活性，不同铁氧化物的氨合成的活性大小顺序为：$Fe_{1-x}O>Fe_3O_4>Fe_2O_3>$混合氧化物。熔铁催化剂在 500 ℃左右时的活性最大，这也是合成氨反应一般选择温度在 500℃左右进行的重要原因之一。但是，即使是在 500 ℃和 30 MPa 的条件下进行合成氨反应，其反应平衡混合物中氨的体积分数也只能达到 26.4%，即转化率仍不够大。在实际生产中，还需要考虑浓度对化学平衡的影响等，例如，采取迅速冷却的方法，使气态氨变成液氨后及时从平衡混合气体中分离出去，以促使化学平衡向生成氨的方向移动。对磁铁矿（Fe_3O_4）砂进行精选，然后将精选的磁铁矿砂与氧化铝、石灰石、硝酸钾一起混合，若有其他助剂也同时混入。混合均匀后置于电炉中，再加一定量金属铁，通电使这些混合物料熔融。待完全熔化后，倾出至铁盘中，待冷却后破碎、磨角、过筛分级，即得到无规则形状的氧化态成品。若制备预还原型产品，则将氧化态成品置于还原炉中，用含有氢气的气体在一定温度下进行还原，然后降温钝化，制得预还原型催化剂。球形催化剂是将熔融物料引入特殊的成球设备中，使其在冷却过程中形成球状。

【完成任务】采用热熔融法制备合成氨熔铁催化剂的简单生产工序如图 4-3 所示。

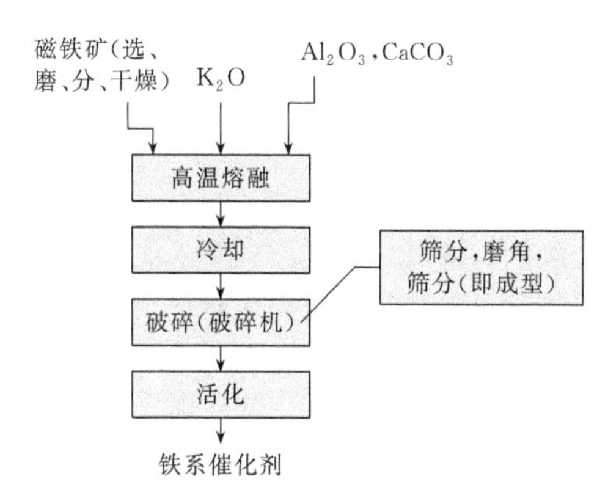

图 4-3　热熔融法制备合成氨熔铁催化剂生产工序示意图

学习情境 5

离子交换法制备固体催化剂

【知识目标】

1. 学习并掌握离子交换法制备催化剂的一般步骤。
2. 学习并认识分子筛的结构特征。
3. 学习离子交换树脂的交换特征和应用。

【能力目标】

1. 能判断以无机离子交换剂（沸石）交换离子制备催化剂的步骤和要求。
2. 能叙述以有机离子交换剂（阴阳离子交换树脂）交换离子制备催化剂的步骤。

一、离子交换法概述

离子交换反应发生在交换剂表面固定而有限的交换基团上，是一个化学计量的、可逆的(个别交换反应不可逆)、温和的过程。利用载体表面上可进行交换的离子，将活性组分通过离子交换（通常是阳离子交换）交换到载体上，然后经过适当的处理，如洗涤、干燥、焙烧、还原，最后得到金属负载型催化剂。

离子交换法是借用离子交换剂作为载体，以阳离子的形式引入活性组分，制备高分散、大比表面积、均匀分布的负载型金属或金属离子催化剂。该法称为离子交换法。

离子交换法负载的活性组分分散度高，尤其适用于低含量、高利用率的贵金属催化剂的制备。该方法能将直径小至 0.3～4nm 的微晶贵金属粒子负载于载体上，而且分布均匀；在活性组分含量相同时，催化剂的活性和选择性比一般用浸渍法制备的催化剂要高。

离子交换剂分为无机离子交换剂和有机离子交换剂。沸石作为无机离子交换剂，在催化反应中得到了广泛应用。有机离子交换剂主要是阳离子交换树脂，其应用也较广泛。

二、无机离子交换剂

(一) 概述

分子筛是结晶型的硅铝酸盐，具有均匀的孔隙结构。分子筛中含有大量的结晶水，加热

时可汽化除去，故又称沸石。自然界存在的结晶型硅铝酸盐常称为沸石，而人工合成的则称为分子筛。它们的化学组成可表示为：

$$M_{x/n}[(AlO_2)_x \cdot (SiO_2)_y] \cdot pH_2O$$

式中，M为金属阳离子；n为M的价数；x为AlO_2的分子数；y为SiO_2的分子数；p为水的分子数。因为AlO_2带负电荷，金属阳离子的存在可使分子筛保持电中性。当金属离子的化合价$n=1$时，M的原子数等于Al的原子数；若$n=2$，M的原子数为Al原子数的一半。

由分子筛的化学组成表达式可以看出，分子筛是由SiO_2、Al_2O_3和碱金属或碱土金属组成的硅酸铝盐，更普遍的是指由Na_2O、SiO_2、Al_2O_3三者组成的复合结晶氧化物（复盐）。它在结构上有许多均匀的孔道和排列整齐的孔穴，从而具有较高吸附性能和较好选择性，被广泛用于石油化工行业。

(二) 分子筛的结构特征

1. 分子筛的结构层次

分子筛的结构特征可以分为四个方面、三种不同的结构层次（图5-1）。第一个结构层次也就是最基本的结构单元硅氧四面体［SiO_4］和铝氧四面体［AlO_4］，它们构成分子筛的骨架。相邻的四面体由氧桥连接成环，环是分子筛结构的第二个层次。按成环的氧原子数划分，有四元氧环、五元氧环、六元氧环、八元氧环、十元氧环和十二元氧环等。环是分子筛的通道孔口，对通过的分子起着筛分作用。氧环通过氧桥相互联结，形成具有三维空间的多面体。各种各样的多面体是分子筛结构的第三个层次。

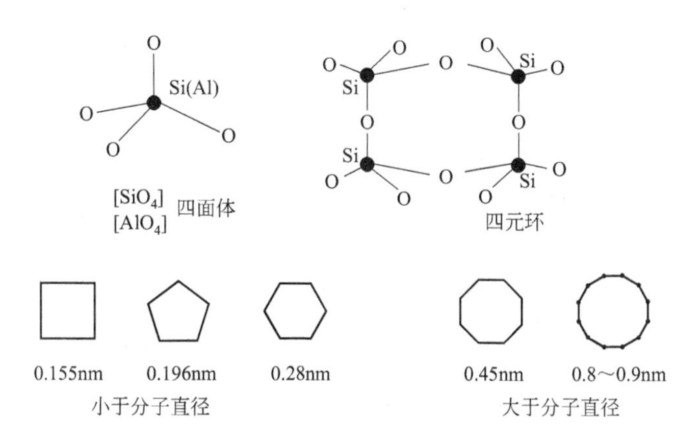

图5-1 分子筛结构示意图

2. 分子筛的笼

多面体有中空的笼，笼是分子筛结构的重要特征（图5-2）。分子筛的笼可分为α笼、八面沸石笼、β笼和γ笼等。

α笼：是A型分子筛骨架结构的主要孔穴，它是由12个四元环、8个六元环及6个八元环组成的二十六面体。笼的平均孔径为1.14nm，空腔体积为$0.76nm^3$。α笼的最大窗孔为八元环，孔径0.41nm。

八面沸石笼：是构成X-型和Y-型分子筛骨架的主要孔穴，由18个四元环、4个六元环

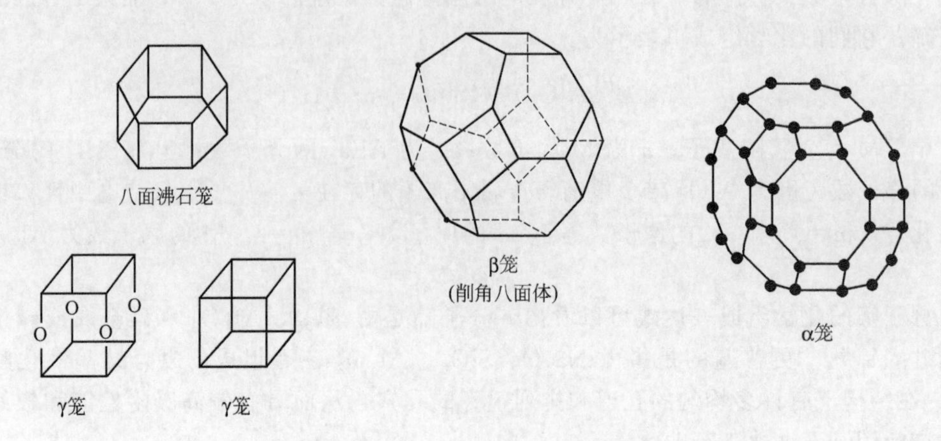

图 5-2　分子筛笼状结构示意图

和 4 个十二元环组成的二十六面体，笼的平均孔径为 1.25nm，空腔体积为 0.85nm^3。最大孔窗为十二元环，孔径 0.74nm。八面沸石笼也称超笼。

β笼：主要用于构成 A 型、X 型和 Y 型分子筛的骨架结构，是最重要的一种孔穴，它的形状宛如削顶的正八面体，空腔体积为 0.16nm^3，窗口孔径为约 0.66nm，只允许 NH_3、H_2O 等尺寸较小的分子进入。

此外还有六方柱笼和 γ 笼，这两种笼体积较小，一般分子进不到笼里去。

3. 几种具有代表性的分子筛

不同结构的笼再通过氧桥互相联结形成各种不同结构的分子筛，主要有 A 型（图 5-3）、X 型和 Y 型（图 5-4）。

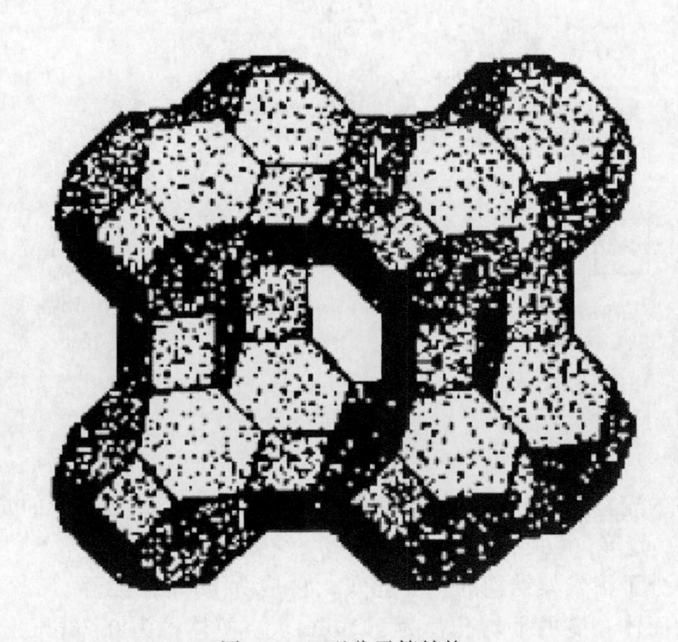

图 5-3　A 型分子筛结构

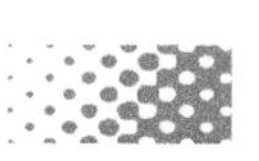

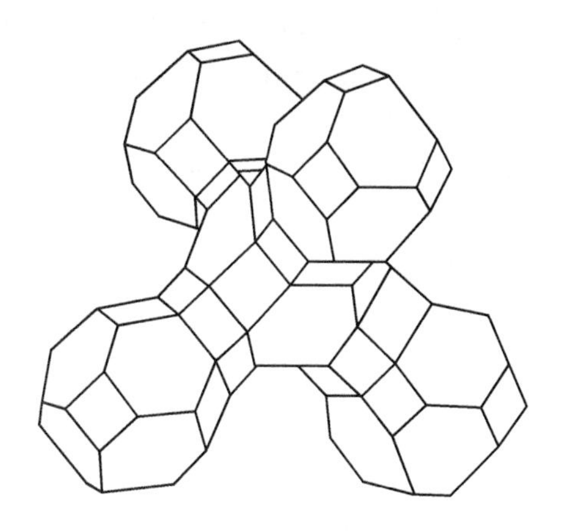

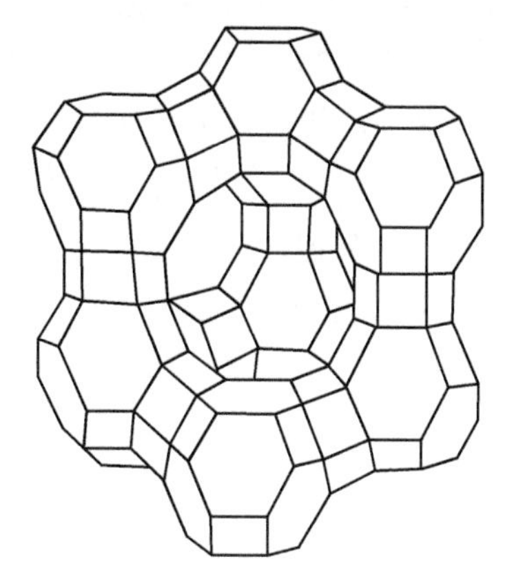

图 5-4　X 型和 Y 型分子筛结构

A 型分子筛类似于 NaCl 的立方晶系结构。若将 NaCl 晶格中的 Na^+ 和 Cl^- 全部换成 β 笼，并将相邻的 β 笼用 γ 笼联结起来就得到 A 型分子筛的晶体结构。8 个 β 笼联结后形成一个方钠石结构，如用 γ 笼做桥联结，就得到 A 型分子筛结构。中心有一个大的 α 笼。α 笼之间通道有一个八元环窗口，其直径为 0.4nm（4Å），故称 4A 分子筛。若 4A 分子筛上 70% 的 Na^+ 被 Ca^{2+} 交换，八元环可增至 0.5nm（5Å），对应的沸石称 5A 分子筛。反之，若 70%的 Na^+ 被 K^+ 交换，八元环孔径缩小到 0.3nm（3Å），对应的沸石称 3A 分子筛。

X 型和 Y 型分子筛类似于金刚石的密堆六方晶系结构。若以 β 笼为结构单元，取代金刚石的碳原子结点，且用六方柱笼将相邻的两个 β 笼联结，即用 4 个六方柱笼将 5 个 β 笼联结一起，其中一个 β 笼居中心，其余 4 个 β 笼位于正四面体顶点，就形成了八面体沸石型的晶体结构。用这种结构继续联结下去，就得到 X 型和 Y 型分子筛结构。在这种结构中，由 β 笼和六方柱笼形成的大笼为八面沸石笼，它们相通的窗孔为十二元环，其平均有效孔径为 0.74nm，这就是 X 型和 Y 型分子筛的孔径。这两种型号彼此间的差异主要是 Si/Al 比不同：X 型为 1～1.5；Y 型为 1.5～3.0。

丝光沸石型分子筛的结构不是笼状结构，而是层状结构（图 5-5）。结构中含有大量的五元环，且成对地联系在一起，每对五元环通过氧桥再与另一对联结。联结处形成四元环。这种结构单元进一步联结形成层状结构。层中有八元环和十二元环，后者呈椭圆形，平均直径 0.74nm，是丝光沸石的主孔道，这种孔道是一维的，即直通道。

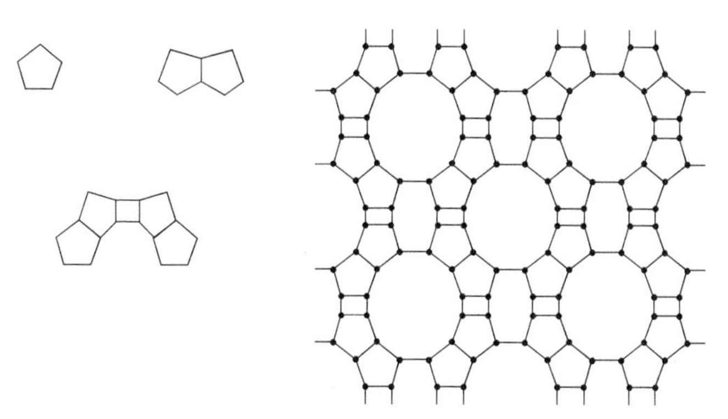

图 5-5　丝光沸石型分子筛的结构单元及层状结构

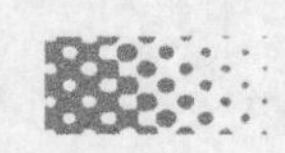

高硅沸石ZSM（Zeolite Socony Mobil）型分子筛有一个系列，广泛应用的为ZSM-5，与之结构相同的有ZSM-8和ZSM-11；另一组为ZSM-21、ZSM-35和ZSM-38等。ZSM-5常称为高硅型沸石，其硅铝比可高达50以上，ZSM-8的硅铝比可高达100，这组分子筛还显出憎水的特性。它们的结构单元与丝光沸石相似，由成对的五元环组成，无笼状空腔，只有通道（图5-6）。ZSM-5有两组交叉的通道，一种为直通的，另一种为“之”字形相互垂直，都由十元环形成。通道呈椭圆形，其窗口直径为0.55～0.60nm。属于高硅族的沸石还有全硅型的Silicalite-1、Silicalite-2等。Silicalite-1的结构与ZSM-5的一样，Silicalite-2的结构与ZSM-11的一样。

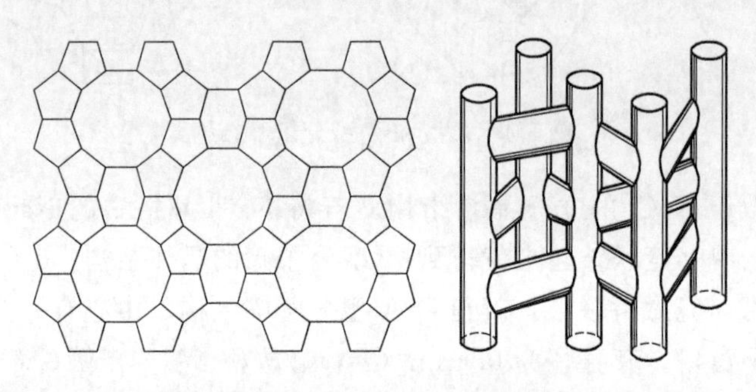

图5-6　高硅沸石型分子筛的结构

由于Na_2O、SiO_2、Al_2O_3三者数量比不同，形成了不同类型的分子筛：根据晶型和组成中硅铝比的不同，可将分子筛分成A型、X型、Y型、L型、ZSM型等不同类型的分子筛。硅铝比不同，分子筛的耐酸性、热稳定性等性质也各不相同。

与各种不同的酸性催化剂相比，大部分分子筛在酸催化反应过程中同样能够表现出很高的活性和优异的选择性，且绝大多数反应是由分子筛的酸性引起的，因此这些分子筛也属于固体酸类催化剂。近20年来，分子筛在工业上得到了广泛的应用，作为工业催化剂，其在炼油和石油化工行业中的地位尤其突出。

（三）分子筛催化剂的催化作用机理

分子筛具有明确的孔腔分布、极高的内表面积（约$600m^2/g$）、良好的热稳定性（约1000℃）以及可调变的酸位中心。分子筛酸性主要来源于骨架上和孔隙中的三配位的铝原子和铝离子$(AlO)^+$。经离子交换得到的HY型分子筛上的OH基形成酸性位，骨架外的铝离子会强化酸位，形成L酸性中心。如NaY型分子筛经Ca^{2+}、Mg^{2+}、La^{3+}等多价阳离子交换后，可以形成酸性中心。Cu^{2+}、Ag^+等过渡金属离子交换的Y型分子筛，经还原处理后，分子筛的过渡金属也能形成酸性中心。一般来说，分子筛中的铝原子与硅原子的摩尔比越高，则OH基的比活性就越高。分子筛酸性的调变可通过稀盐酸直接进行离子交换，将质子引入分子筛骨架内。由于这种办法常导致分子筛骨架脱铝，所以NaY要先变成NH_4Y，然后再变为HY。

1. 分子筛具择形催化的性质

因为分子筛结构中有均匀的小内孔，当反应物和产物的分子线度与晶内的孔径相接近时，催化反应的选择性常取决于分子与孔径的相应大小。这种选择性称为择形催化。导致择形催化选择性的机理有两种，一种是由孔腔中参与反应的分子的扩散系数差别引起的，称为

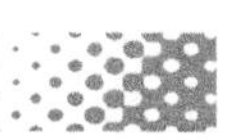

质量传递选择性；另一种是由催化反应过渡态空间限制引起的，称为过渡态选择性。如图 5-7 所示，择形催化有 4 种形式。

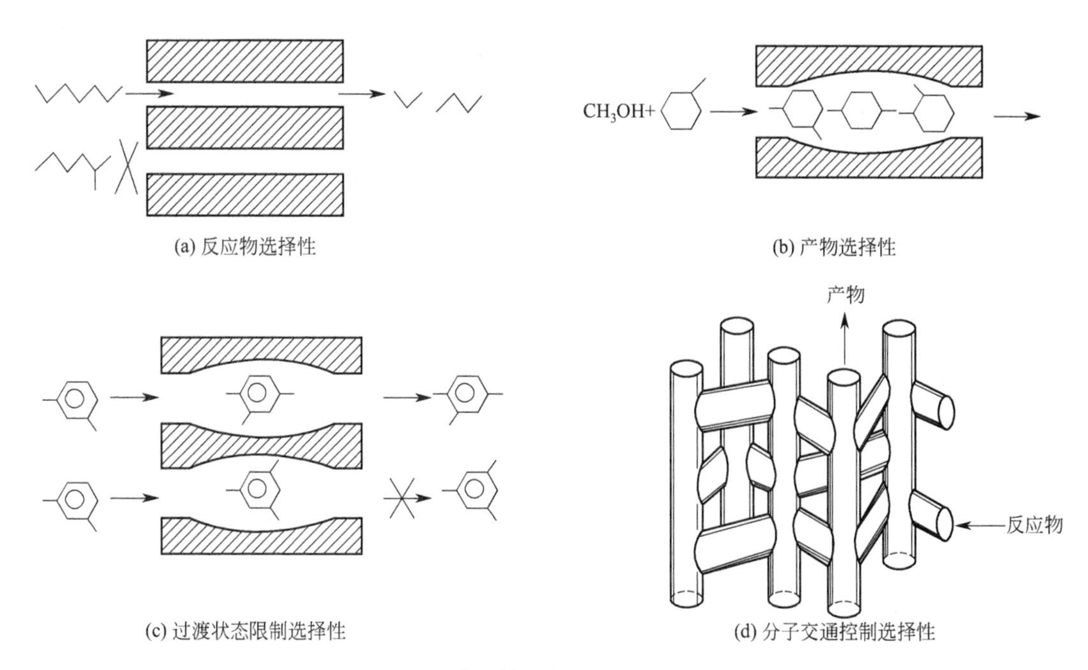

(a) 反应物选择性　(b) 产物选择性　(c) 过渡状态限制选择性　(d) 分子交通控制选择性

图 5-7　分子筛的各种择形催化形式

（1）反应物择形催化

当反应混合物中某些能反应的分子因尺寸太大而不能扩散进入催化剂孔腔内时，只有那些直径小于内孔径的分子才能进入内孔，在催化活性位上进行反应。

（2）产物的择形催化

当产物混合物中某些分子太大时，难于从分子筛催化剂的内孔窗口扩散出来，就形成了产物的择形选择性。

（3）过渡态限制的选择性

有些催化反应的反应物分子和产物分子都不受催化剂窗口孔径扩散的限制，只是由于需要内孔或笼腔有较大的空间，才能形成相应的过渡态，不然就受到限制使该反应无法进行；相反，有些反应只需要较小空间的过渡态就不受这种限制，这就构成了限制过渡态的择形催化。

ZSM-5 常用于这种过渡态选择性的催化反应，其最大优点是阻止催化剂的结焦。因为结焦是由前驱物的聚合反应所产生的，该反应所形成的过渡态需要较大的内孔，而 ZSM-5 较其他分子筛具有较小的内孔，因此不利于形成相应的过渡态，也即不利于结焦反应的进行，因而比别的分子筛和无定形催化剂具有更长的寿命。

（4）分子交通控制的择形催化

在具有两种不同形状和大小的孔道分子筛中，反应物分子可以很容易地通过一种孔道进入到催化剂的活性部位，进行催化反应，而产物分子则从另一孔道扩散出去，尽可能地减少逆扩散，从而增加反应速率。这种分子交通控制的催化反应，是一种特殊形式的择形选择性，称分子交通控制的择形催化。

2. 择形选择性的调变

择形选择性的调变方法包括：毒化外表面活性中心；修饰窗孔入口的大小（常用的修饰剂为四乙基原硅酸酯）；改变晶粒大小等。

择形催化最大的实用价值在于利用它表征孔结构的不同，是区别酸性分子筛的方法之一。择形催化在炼油工艺和石油工业生产中获得了广泛的应用，如分子筛脱蜡、择形异构化、择形重整、甲醇合成汽油、甲醇制乙烯、芳烃择形烷基化等。

【注意】 高硅沸石（丝光沸石和 ZSM-5 分子筛）若将 Na^+ 型转化成 H^+ 型分子筛，可直接用盐酸交换处理，而低硅 A 型、X 型、Y 型分子筛则不能。

（四）分子筛的离子交换

分子筛催化剂通常只含 5%～15%的分子筛，其余部分为基质。基质常由难熔无机氧化物或其混合物和黏土组成。分子筛通式中的 M 通常为 Na^+、K^+、Ca^{2+} 等，这些离子可以部分或全部被半径小、电荷多的金属离子取代，这样骨架结构基本不变，但对分子筛的性能却有很大影响，可使它具有特定的催化性能。近年来，有研究将其他原子（如镓、锗、铁、硼、磷、铬、钒、钼和砷等）引入分子筛的硅铝骨架中取代（或部分取代）硅或铝，最终所形成的含有杂原子的分子筛具有某些特殊的催化性能。

分子筛有很大的比表面积，达 300～1000m^2/g，内晶表面高度极化，因此分子筛是一类高效的吸附剂；同时，分子筛也是一类固体酸催化剂，表面有很高的酸浓度与酸强度，能引起正碳离子型的催化反应。对分子筛进行离子交换，可起到调整分子筛孔径，改变其吸附性质与催化性能的作用。对分子筛进行离子交换常用常压水溶液交换法，一般在酸性溶液中进行离子交换。

溶液中不同性质的阳离子交换到分子筛上的难易程度不同，称为分子筛对阳离子的选择顺序，例如，13X 型分子筛的选择顺序为 Ag^+、Cu^{2+}、H^+、Ba^{2+}、Au^{3+}、Th^{4+}、Sr^{2+}、Hg^{2+}、Cd^{2+}、Zn^{2+}、Ni^{2+}、Ca^{2+}、Co^{2+}、NH_4^+、K^+、Au^{2+}、Na^+、Mg^{2+}、Li^+。常用下列参数表示交换结果：交换度，即交换下来的 Na^+ 量占分子筛中原有 Na^+ 量的百分数；交换容量，为每 100g 分子筛中交换的阳离子质量（毫克）数；交换效率，表示溶液中阳离子交换到分子筛上的质量百分数。为了制取合适的分子筛催化剂，有时尚需将交换所得产物与其他组分调配，这些组分可能是其他催化活性组分、助催化剂、稀释剂或黏合剂等，调配好的物料经成型即可进行催化剂的活化。

离子交换所用的酸溶液的酸性大小确定是以不破坏分子筛的晶体结构为前提的，将氢质子引入分子筛的结构中，得到 H 型分子筛。低硅分子筛一般用铵盐溶液进行离子交换，形成铵型分子筛，在分解脱除 NH_3 后间接氢化。高硅分子筛由于耐酸，可直接用酸处理，得 H 型分子筛。

任务　采用离子交换法制备丙烷芳构化 Zn/ZSM-5 催化剂

【布置任务】 制备丙烷芳构化 Zn/ZSM-5 催化剂。

【分析任务】 众所周知，轻质芳烃（苯、甲苯、二甲苯）是最基本的石油化工原料之一，低碳烃（C_2～C_6 的烷烃和烯烃）芳构化是将低碳烃在催化剂的作用下，通过裂解、脱氢、

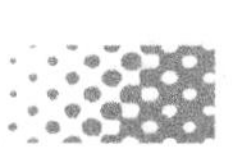

齐聚、氢转移、环化以及异构化等复杂反应过程转化为芳烃的工艺。丙烷芳构化就是用丙烷为原料制备苯、甲苯、二甲苯等轻质芳烃。

20世纪70年代初，美国Mobil公司合成出了ZSM-5型硅铝分子筛，并将其应用于催化剂研究中，进而开发出了生产芳烃的催化剂和工艺。国内对低碳烃芳构化工艺的研究开发始于20世纪80年代，华东化工学院的吴指南等人在1983年连续报道了金属改性的ZSM-5分子筛在轻烃芳构化上的研究；山西煤炭化学研究所筛选出了性能良好的Ga改性的ZSM-5催化剂。目前，芳构化催化剂的研究多数集中在HZSM-5和金属Zn、Ga等改性的ZSM-5分子筛上。

本任务中丙烷芳构化所用的催化剂是Zn/ZSM-5，采用离子交换法制备而得。其中，离子交换剂选择ZSM-5分子筛，是一种高硅分子筛，活性组分是Zn^{2+}离子，可选择$Zn(NO_3)_2$溶液作为离子交换液。由于ZSM-5分子筛是耐酸型分子筛，因此可以先用盐酸交换制备H型分子筛，再与Zn^{2+}交换，从而确定制备工序。

【完成任务】 如图5-8所示即为制备丙烷芳构化Zn/ZSM-5催化剂的工序图。

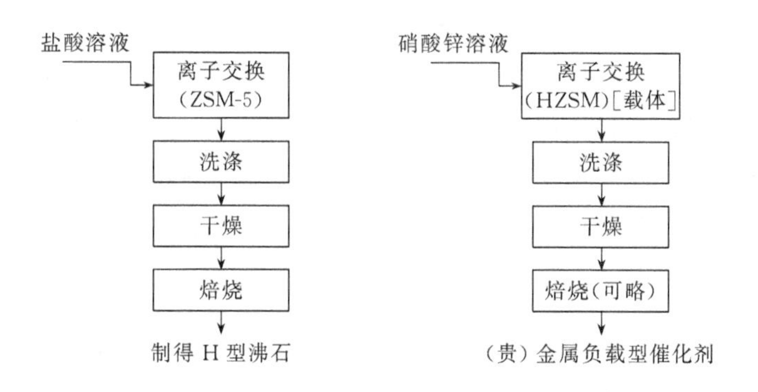

图5-8 丙烷芳构化Zn/ZSM-5催化剂的制备工序图

三、有机离子交换剂

离子交换树脂是常见的有机离子交换剂，特别是阳离子交换树脂制备的催化剂。1962年法国有人提出用强酸型阳离子交换树脂作催化剂，催化异丁烯和甲醛的缩合（该反应是两步法异丁烯和甲醛制异戊二烯的第一步反应），立即引起各国关注。采用这种新的催化工艺有明显的优点：代替了传统液体酸催化剂，避免了硫酸作催化剂时稀酸浓缩、回收必须及时处理废酸等问题，避免了硫酸腐蚀设备，简化了产物分离过程。但是与无机离子交换的分子筛相比，它的缺点也比较明显：机械强度低，耐磨性差，耐热性往往不高，再生时较分子筛催化剂更困难。

离子交换树脂是一种聚合物，带有相应的功能基团。大致分为阳离子交换树脂和阴离子交换树脂两大类。

1. 强酸性阳离子交换树脂

这类树脂含有大量的强酸性基团，如磺酸基（$—SO_3H$），容易在溶液中离解出H^+，故呈强酸性。树脂离解后，本体所含的负电基团，如SO_3^-，能吸附结合溶液中的其他阳离子。这两个反应使树脂中的H^+与溶液中的阳离子互相交换。

2. 弱酸性阳离子交换树脂

这类树脂含有弱酸性基团，如羧基（—COOH），能在水中离解出 H^+ 而呈酸性。树脂离解后余下的负电基团，如 R—COO—（R 为碳氢基团），能与溶液中的其他阳离子吸附结合，从而产生阳离子交换作用。这种树脂的酸性即离解性较弱，在低 pH 值下难以离解和进行离子交换，只能在碱性、中性或微酸性溶液中（如 pH 值在 5～14 之间）起作用。

3. 强碱性阴离子交换树脂

这类树脂含有强碱性基团，如季铵基（亦称四级铵基，$—NR_3OH$，R 为烃基基团），能在水中离解出 OH^- 而呈强碱性。这种树脂的正电基团能与溶液中的阴离子吸附结合，从而产生阴离子交换作用。这种树脂的离解性很强，在不同 pH 值下都能正常工作。它用强碱（如 NaOH）进行再生。

4. 弱碱性阴离子交换树脂

这类树脂含有弱碱性基团，如伯氨基（亦称一级氨基，$—NH_2$）、仲胺基（二级胺基，—NHR）或叔胺基（三级胺基，$—NR_2$），它们在水中能离解出 OH^- 而呈弱碱性。这种树脂的正电基团能与溶液中的阴离子吸附结合，从而产生阴离子交换作用。

阴阳离子交换的树脂主要应用于水处理行业，如去离子水的生产等。在固体催化剂的应用方面主要用到阳离子交换树脂。

5. 离子交换

离子交换色谱法的保留行为和选择性与被分离的离子、离子交换剂以及流动相的性质等有关。离子交换剂对不同离子的交换选择性不同，一般来说，离子的价数越高，原子序数越大，水合离子半径越小，则该离子在离子交换剂上的选择性系数就越大。例如，强酸型阳离子交换树脂对阳离子的选择性系数顺序为：

$Fe^{3+} > Al^{3+} > Ba^{2+} > Pb^{2+} > Sr^{2+} > Ca^{2+} > Ni^{2+} > Cd^{2+} > Cu^{2+} > Co^{2+} > Mg^{2+} > Zn^{2+} > Mn^{2+} > Ag^+ > Cs^+ > Rb^+ > K^+ > NH_4^+ > Na^+ > H^+ > Li^+$。

弱酸型阳离子交换树脂的基团（如—COOH）的离解受溶液中 H^+ 抑制，所以 H^+ 在该类树脂上的保留能力很强，甚至强于二价、三价阳离子。

弱酸阳离子交换树脂与阳离子结合时的选择顺序是：

$H^+ > Fe^{3+} > Al^{3+} > Ca^{2+} > Mg^{2+} > K^+ \approx NH_4^+ > Na^+ > Li^+$。

离子的保留能力还受流动相的组成和 pH 值的影响：交换能力强、选择性系数大的离子组成的流动相具有强的洗脱能力。流动相的离子强度增大，其洗脱能力增强，使组分的保留值降低。强离子交换树脂的交换容量在很宽的范围内不随流动相的 pH 值变化。pH 值的调节主要体现其对弱电解质离解的控制，溶质的离解受到抑制，其保留时间变短。因此，pH 值的变化，对弱离子交换树脂的交换能力影响较大。

在确定好工艺参数之后，离子交换树脂制备催化剂的生产工序比较简单，如图 5-9 所示。

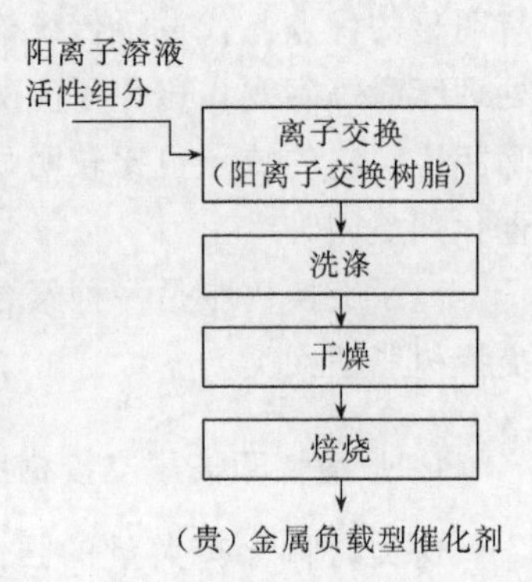

图 5-9 离子交换树脂制备催化剂的生产工序框图

学习情境 6

表征（测试）催化剂

【知识目标】

1. 理解催化剂活性测试的基本概念（转化率、选择性、收率）。
2. 学习并了解工业实践参数空速、空时、时空得率等概念和应用场合。
3. 学习并认识常用的催化剂表征方法和设备。

【能力目标】

1. 能根据催化剂活性测试结果比较催化剂的性能。
2. 能根据催化剂的密度和比表面积测试报告判断催化剂的性能结构特征。
3. 能根据反应物料组分测试报告判断影响催化剂活性的毒物。
4. 能利用现有的实验室设备测试催化剂的机械强度。

一、概述

一般而言，衡量一个催化剂的质量与效率，具体来说就是活性、选择性、机械强度和使用寿命这 4 个指标。

活性：指催化剂的效能（改变化学反应速度能力）的高低，是任何催化剂最重要的性能指标。

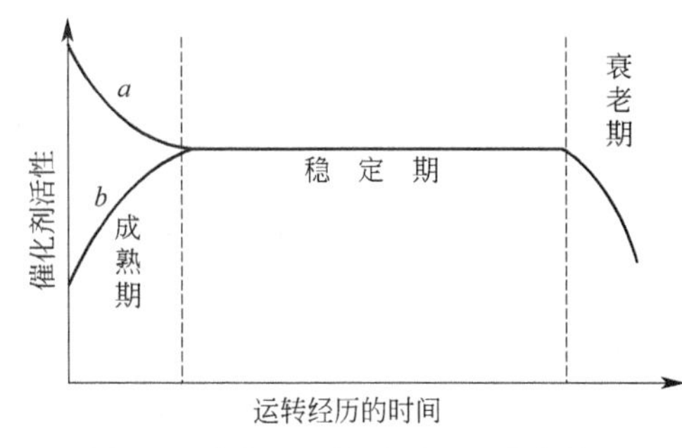

图 6-1 催化剂活性随时间变化曲线图

选择性：用来衡量催化剂抑制副反应能力的大小，这是有机催化反应中一个尤其值得注意的性能指标。

机械强度：催化剂抗拒外力作用而不致发生破坏的能力。强度是任何固体催化剂的一项主要性能指标，也是催化剂其他性能赖以发挥的基础。

使用寿命：指催化剂在使用条件下，维持一定活性水平的时间（单程寿命），如图 6-1 所示。或者每次活性下降后经再生而又恢复到许可活性水平的累计时间（总寿命），如图 6-2 所示。寿命是对催化剂稳定性的总概括。

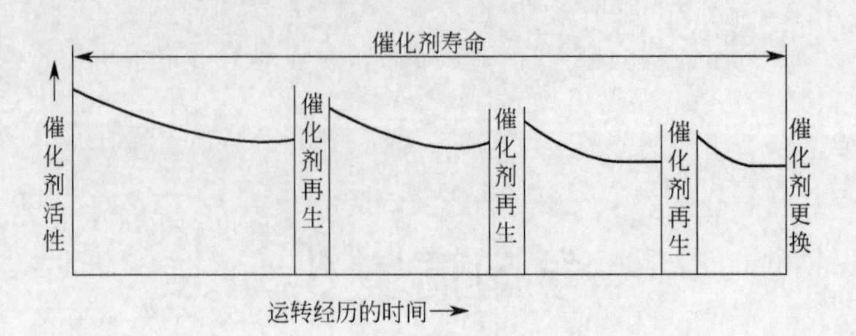

图 6-2　工业催化剂的总寿命

工业催化剂的稳定性包括如下几方面。

① 化学稳定性：保持稳定的化学组成和化合状态。

② 热稳定性：能在反应条件下，不因受热而破坏其物理化学状态，能在一定温度范围内保持良好的稳定性。

③ 机械稳定性：固体催化剂颗粒抵抗摩擦、冲击、重压、温度等引起的种种应力的程度。

衡量催化剂的指标有很多方面，除了上述几个重要指标外，催化剂的物理结构性质也是常见的评价指标。催化剂的物理结构性质包括催化剂的形状尺寸，催化剂的堆积密度、孔隙率、单位体积，催化剂的机械外表面积等。对于单个催化剂颗粒而言，其物理结构性质还可细分为宏观物理结构性质和微观物理结构性质。宏观物理结构主要指催化剂的孔容、孔径分布、比表面积等与催化剂形状尺寸有关的物理性质。微观物理结构性质主要指催化剂的晶相结构、结构缺陷以及某些功能组分微粒的粒径尺寸等。

二、催化剂活性评价和动力学研究

1. 催化剂活性测定与表示方法

催化剂活性测定方法可分为两大类：流动法和静态法。

流动法中用于固定床催化剂测定的有一般流动法、流动循环法（无梯度法）、催化色谱法等。一般流动法应用最广；流动循环法（无梯度法）、催化色谱法以及静态法主要用于研究反应动力学和反应机理。

催化剂活性是对催化剂加快反应速率程度的一种度量，如体积比速率、质量比速率、面积比速率［单位分别为：$mol/(cm^3 \cdot s)$，$mol/(g \cdot s)$，$mol/(cm^2 \cdot s)$］。

在工业生产中，催化剂的生产能力大多数是以催化剂单位体积为标准，并且催化剂的用量通常都比较大，所以这时反应速率应当以单位容积表示。对于活性的表达方式，还有一种更直观且使用更广泛的指标：转化率。

① 转化率定义：反应物 A 已转化的物质的量与反应物 A 起始的物质的量之比，以百分数表示，一般用 X 表示转化率。采用转化率参数时，必须注明反应物与催化剂的接触时间，否则就无速率的概念了。

为此在工业实践中又引入了其他参数。

② 空速：物料的流速（单位时间的体积或质量）与催化剂的体积之比即为体积空速或

质量空速，单位为 s^{-1}。空速的倒数为反应物料与催化剂接触的平均时间，以 τ 表示，单位为 s，亦称空时。即空时可表示为 $\tau=V/F$（式中，V 为催化剂体积；F 为反应物物料体积流速）。

③ 时空得率（STY）：在给定的反应条件下，单位时间内单位体积（或质量）催化剂所得产物的量。时空得率较直观地反映了催化剂的活性大小，但该参数与操作条件有关，因此不十分确切。

④ 选择性：所得目的产物的物质的量与已转化的某一关键反应物的物质的量之比即为选择性。从某种意义上讲，选择性更重要。在活性和选择性之间取舍，往往取决于原料的价格和产物分离的难易程度，以百分数表示，一般用 S 表示选择性。

⑤ 收率：产物中某一类指定的物质的总量与原料中对应于该类物质的总量之比即为收率，以百分数表示，一般用 R 表示收率。

⑥ 单程收率（得率）：生成目的产物的物质的量与起始反应物的物质的量之比即为单程收率。以百分数表示，一般用 Y 表示单程收率。它与转化率和选择性有如下关系：$Y=X\times S$。

2. 反应动力学研究的意义和作用

反应动力学是研究化学反应速率以及各种因素对化学反应速率影响的学科。简单地说反应动力学是研究化学物质由一些化学物种转化为另一些化学物种的速率和机理的分支学科（这里所说的化学物种包括各种分子、原子、离子和基团在内，对一般多相催化而言，常常只涉及分子和原子）。传统上属于物理化学的范围，但为了满足工程实践的需要，化学反应工程在其发展过程中，在反应动力学方面也进行了大量的研究工作。绝大多数化学反应并不是按化学式计量一步完成的，而是由多个具有一定程序的基元反应（一种或几种反应组分经过一步直接转化为其他反应组分的反应，或称简单反应）所构成。反应进行的这种实际历程称为反应机理。反应机理是达成所研究的反应中各基元步骤发生的序列。

化学物种所经历的化学变化基元步骤序列称为反应历程，把包括吸附、脱附物理传输和化学变化步骤在内的序列称为反应机理。多相催化的反应机理通常包括以下几个步骤：

① 多相催化的反应步骤（机理）；

② 起始原料通过边界层向催化剂表面扩散；

③ 起始原料向孔内扩散（孔扩散）；

④ 孔内表面反应物的吸附；

⑤ 催化剂表面上的化学反应；

⑥ 催化剂表面产物的脱附；

⑦ 离开孔产物的扩散；

⑧ 脱离催化剂通过边界层向气相的产物扩散。

以合成氨为例，多相固体催化机理可以这样理解：热力学计算表明，低温、高压对合成氨反应是有利的；但无催化剂时，反应的活化能很高，反应几乎不发生。当采用铁催化剂时，由于改变了反应历程，降低了反应的活化能，使反应以显著的速率进行。目前研究认为，合成氨反应的一种可能机理，首先是氮分子在铁催化剂表面上进行化学吸附，使氮原子间的化学键减弱；接着是化学吸附的氢原子不断地跟表面上的氮分子作用，在催化剂表面上

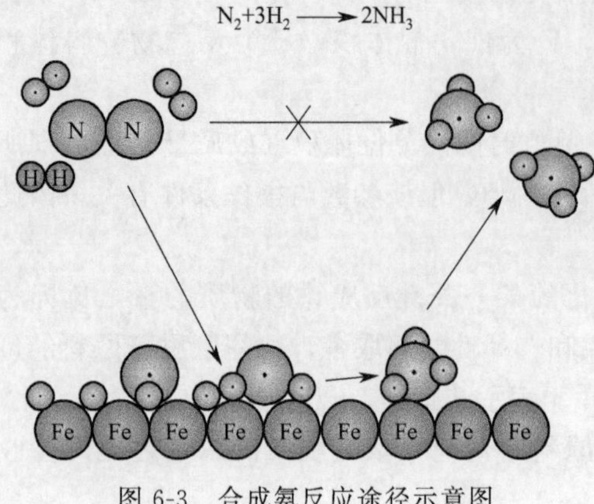

图 6-3 合成氨反应途径示意图

逐步生成—NH、—NH_2 和 NH_3；最后氨分子在表面上脱吸而生成气态的氨（图 6-3）。上述反应途径可简单地表示为：

$$H_2 \longrightarrow 2H_{ads} \quad (1)$$

$$N_2 \longrightarrow 2N_{ads}(\text{控制}) \quad (2)$$

$$H_{ads} + N_{ads} \longrightarrow (NH)_{ads} \quad (3)$$

$$(NH)_{ads} + H_{ads} \longrightarrow (NH_2)_{ads} \quad (4)$$

$$(NH_2)_{ads} + H_{ads} \longrightarrow (NH_3)_{ads} \quad (5)$$

$$(NH_3)_{ads} \longrightarrow NH_3 \quad (6)$$

在无催化剂时，氨的合成反应的活化能很高，大约 335kJ/mol。加入铁催化剂后，反应以生成氮化物和氮氢化物两个阶段进行：第一阶段的反应活化能为 126～167kJ/mol；第二阶段的反应活化能为 13kJ/mol。由于反应途径的改变（生成不稳定的中间化合物），降低了反应的活化能，因而反应速率加快了。这里也重复解释了前面关于催化的本质。

三、催化剂评价与动力学实验的流程和方法

1. 流程

催化剂的评价，一般在完全相同的操作条件下，比较不同催化剂的性能差异；而动力学实验是对确定的催化剂在不同的操作条件下，测定操作条件变化对同一催化剂性能的影响的定量关系。评价催化剂时，改变催化剂而不改变操作条件；动力学实验时，改变操作条件而不改变催化剂。

2. 流动法测试催化剂活性的原则和方法

测试的原则要求将宏观因素对测定活性和研究动力学的影响减少到最低。

消除管壁效应和床层过热：反应管直径 d_r 和催化剂颗粒直径 d_g 之比应为 $6<d_r/d_g<12$。当 $d_r/d_g>12$ 时，可消除管壁效应。另一方面，对热效应较大的反应，给床层的散热带来困难，因为催化剂床层横截面积与其径向之间的温度差由以下公式决定。

$$\Delta t = \xi Q d_r^2 / 16\lambda^*$$

式中，ξ 为催化剂的反应速率，mol/(cm^3·h)；Q 为反应的热效应，kJ/mol；d_r 为反应管直径，cm；λ^* 为催化剂床层的有效传热系数，kJ/(mol·h·℃)。

由公式可见，该温度差与反应速率、热效应和反应器直径的平方成正比，而与有效热导率成反比。由于有效传热系数 λ^* 随催化剂的颗粒减小而下降，所以温度差随催化剂颗粒的减小而增大。若为了消除内扩散对反应的影响而降低催化剂粒径，则会增强温差升高的因素；另一方面，温差随反应器的管径增加而迅速升高。因此要权衡利弊，以确定最合适的催化剂粒径和反应管直径。

反应管直径、催化剂粒径和床层高度经验比：一般要求反应管横截面能并排安放 6～12 颗催化剂微粒，床层高度超过反应管直径的 2.5～3 倍。

消除内扩散：利用一组对照实验，改变催化剂颗粒大小，测定反应速率的变化情况。对

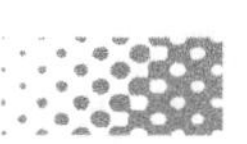

于一个选定的反应器，改变待评价催化剂颗粒大小，测定其反应速率；如果不存在内扩散，其反应速率应该不变。

消除外扩散：利用两组对照实验。在两个相同反应器中，装填不同量的催化剂，其他操作条件相同，用不同的气流速度进行反应，测定随气流速度变化的转化率。以 V 表示催化剂的装填量，以 F 表示气流速度，实验Ⅱ中催化剂的装填量是实验Ⅰ中的两倍，可能出现如图 6-4 所示的三种情况。只有当这两个实验的转化率完全相同时才消除外扩散。

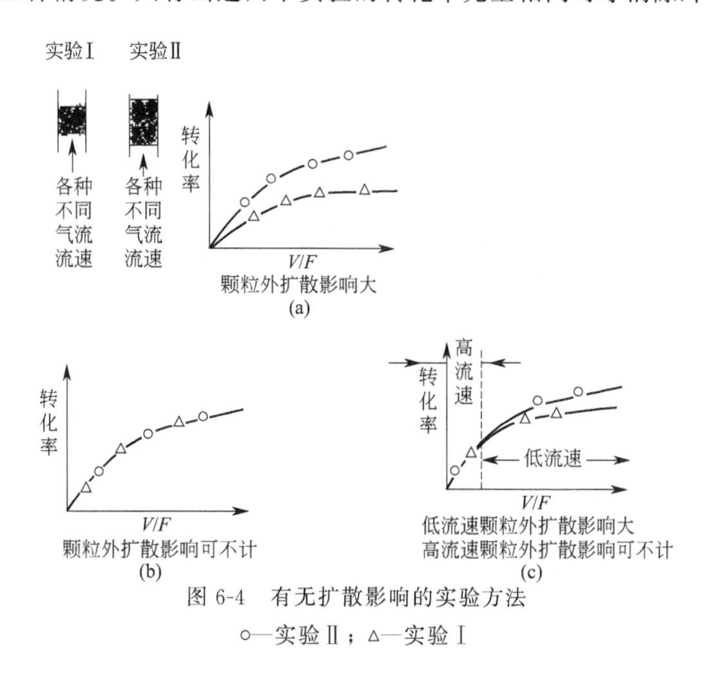

图 6-4　有无扩散影响的实验方法

○—实验Ⅱ；△—实验Ⅰ

四、机械强度的测定

催化剂应具备足够的机械强度，以经受搬运时的滚动磨损、装填时冲击和自身重力、还原使用时的相变以及压力、温度或负荷波动时产生的各种应力。第一，催化剂要能经受住搬运时的磨损；第二，要能经受住向反应器里装填时自由落下的冲击或在沸腾床中催化剂颗粒间的相互撞击；第三，催化剂必须具有足够的内聚力，不至于使用时由于反应介质的作用，发生化学变化而破碎；第四，催化剂必须能够承受气流在床层的压力降、催化剂床层的重量以及因床层核反应管的热胀冷缩所引起的相对位移的作用等。因此，催化剂机械强度性能常被列为催化剂质量控制的主要指标之一。

1. 压碎强度测试

均匀施加压力到成型催化剂颗粒碎裂前所承受的最大负荷，称为催化剂抗压碎强度。

（1）颗粒压碎强度

该法要求测试大小均匀的足够数量的催化剂颗粒，适用对象为球形、大片柱状和挤条颗粒等形状催化剂。单颗粒强度又可分为单颗粒压碎强度和刀刃切断强度。

① 单颗粒压碎强度。将代表性的单颗粒催化剂以正向（轴向）、侧向（径向）或任意方向（球形颗粒）放置在两个平台间，均匀对其施加负载直至颗粒破坏，记录颗粒压碎时的外加负载。其中强度测试颗粒数一般选 60 颗，强度数据采用球形和大片柱状颗粒的正压和侧压直接以外加负载表示。

该法适用于大粒径催化剂或载体的压碎强度测试。试验设备由两个工具钢平台及指示施压读数的压力表组成。施压方式可以是机械、液压或气动。一般以正向和侧向压碎强度表示。

② 刀刃切断强度。该法又称刀口硬度法，测强度时，催化剂颗粒放到刀口下施加负载直至颗粒被切断。对于圆柱状颗粒，以颗粒切断时的外加负载与颗粒横截面积的比值来表示刀刃切断强度数据。与单颗粒压碎强度相比，该指标在单颗粒强度实际的测试中较少采用。

(2) 整体堆积压碎强度

对于固定床来讲，单颗粒强度并不能直接反映催化剂在床层中整体破碎的情况，因而需要寻求一种接近固定床真实情况的强度测试方法来表征催化剂的整体强度性能，该法即为整体堆积压碎强度。

该方法适用于小粒径催化剂的压碎强度测试；用于测定堆积一定体积的催化剂样品在顶部受压下碎裂的程度。通过活塞向堆积催化剂施压，也可以恒压载荷。另外，对于许多不规则形状的催化剂强度测试也只能采用这种方法。

图 6-5　压碎强度测试仪

(3) 测试设备

压碎强度测试仪如图 6-5 所示。

测试设备的操作方法：将试验样品置于样品盘中心位置，再顺时针旋转手轮。将加力杆下移。当加力杆接近样品时，按一下峰值保持键，此时峰值保持指示灯亮，再继续慢慢旋转手轮。此时显示器已有数据显示，并随着试验力的增加而增大。当样品颗粒破碎时，受力的最大数值（强度值）即被锁定，直接显示度值。

2. 磨损强度测试

(1) 定义

一定时间内磨损前后样品重量的比值即为磨损强度。即，磨损强度$=W_t/W_0\times100\%$（式中，W_t 为时间 t 内未被磨损脱落的试样重量；W_0 为原始试样重量）。由公式可见，磨损强度越大，催化剂的抗摩擦能力也就越大。

催化剂磨损性能的测试，要求模拟其由摩擦造成的磨损。

【注意】 流化床催化剂与固定床催化剂有所区别，其强度主要应考虑磨损强度（表面强度）。要求：测试过程中催化剂应由摩擦造成磨损，防止破碎形成细颗粒。

(2) 测试方法

测试催化剂磨损强度的方法很多，但最为常用的是旋转碰撞法和高速空气喷射法。根据催化剂在实际使用过程中的磨损情况，固定床催化剂一般采用前一种方法，而流化床催化剂多采用后一种方法。不管哪一种方法，它们都必须保证催化剂在强度测试中是由于磨损失效，而不是破碎失效。二者的区别在于：前者得到的是微球粒子，而后者主要得到的是不规则碎片。

① 旋转碰撞法。该法是测试固定床催化剂耐磨性的典型方法。其基本流程：将催化剂装入旋转容器内，催化剂在容器旋转过程中因上下滚动而被磨损；经过一段时间，取出样品，筛出细粉，以单位质量催化剂样品所产生的细粉量来表示强度数据，即磨损率。

② 高速空气喷射法。对于流化床催化剂，一般采用高速空气喷射法测定其磨损强度。

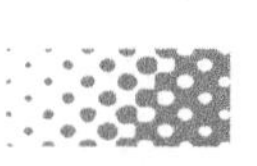

图 6-6　KM-5A 型颗粒磨耗测定仪

高速空气喷射法的基本原理：在高速空气流的喷射作用下使催化剂呈流化态，颗粒间摩擦产生细粉，规定取单位质量催化剂样品在单位时间内所产生的细粉量，即磨损指数作为评价催化剂抗磨损性能的指标。

（3）测试设备

磨耗测定仪如图 6-6 所示。

KM-5A 型颗粒磨耗测定仪适用于化肥催化剂中圆柱形、条形、无定形、环形和球形等颗粒的磨损率测定；也适用于分子筛、活性炭、氧化铝、吸附剂等颗粒物料的磨损率测定。

五、颗粒直径及粒径分布测定

1. 颗粒的大小（直径）

通常球体颗粒的粒度用直径表示，立方体颗粒的粒度用边长表示。一般所说的粒度是指造粒后的二次粒子的粒度。对不规则的矿物颗粒，可将与矿物颗粒有相同行为的某一球体直径作为该颗粒的等效直径。实验室常用的测定物料粒度组成的方法有筛析法、水析法和显微镜法。

①筛析法，用于测定 0.038～250mm 的物料粒度，实验室标准套筛的测定范围为 0.038～6mm；②水析法，以颗粒在水中的沉降速度确定颗粒的粒度，用于测定小于 0.074mm 物料的粒度；③显微镜法，能逐个测定颗粒的投影面积，以确定颗粒的粒度，光学显微镜的测定范围为 0.4～150μm，电子显微镜的测定下限粒度可达 0.001μm 或更小。

2. 测量颗粒粒度仪器

粒度仪是用物理的方法测试固体颗粒的大小和分布的一种仪器。根据测试原理的不同分为沉降式粒度仪、激光粒度仪、光学颗粒计数器、颗粒图像仪等。激光粒度仪是专指通过颗粒的衍射或散射光的空间分布（散射谱）来分析颗粒大小的仪器。本书仅简单介绍普通的沉降式粒度仪（经典的测试原理，适合大专院校的学生做相关的教学实验）以及激光粒度仪。

（1）沉降式粒度仪

沉降式粒度仪又称沉降天平，一般情况下是由高精度电子天平、沉降系统、数据处理软件等组成，是用物理的方法测试固体颗粒的大小和分布的一种仪器。沉降粒度仪是根据斯托克斯定理制造。斯托克斯原理的基本内容是：粉尘颗粒在沉降过程中，发生颗粒分级，因而静止的沉降液的黏滞性对沉降颗粒起着摩擦阻力作用。按以下公式计算：

$$r=9\eta/[2g(\gamma_k-\gamma_t)]\cdot(H/t)$$

式中，r 为颗粒半径，cm；η 为沉降液黏度，g/(cm·s)；γ_k 为颗粒密度，g/cm；γ_t 为沉降液密度，g/cm；H 为沉降高度（沉降液面到称盘底面的距离），cm；t 为沉降时间，s；g 为重力加速度，980cm/s。

当测出颗粒沉降至一定高度 H 所需之时间 t 后，就能算出沉降速率 v、颗粒半径 r。

TZC 系列沉降式粒度仪（图 6-7）就是一种根据斯托克斯沉降原理制造的智能化颗粒测定仪器，能测定 1～600μm 之间的颗粒大小及分布。

仪器使用时，只要将 3～10g 被测定物烘干后放在 500mL 的沉降液中，经搅拌后就可以进行测试。计算机自动记录沉降曲线；然后据此计算颗粒大小、平均粒径、中位径、比表面积、平均误差；并进行颗粒分布分析，将计算结果以图表形式打印出来。

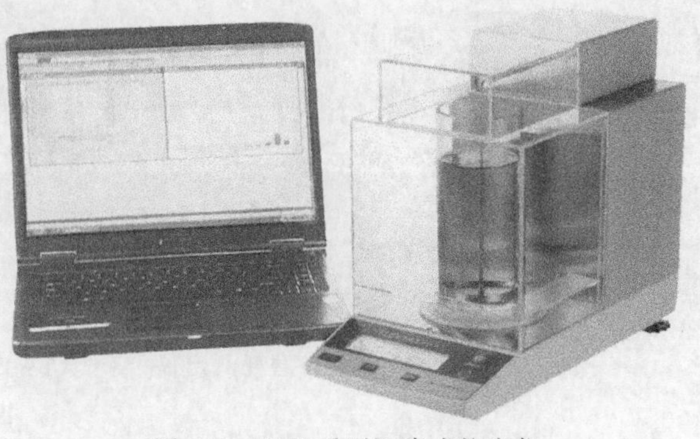

图 6-7 TZC 系列沉降式粒度仪

（2）激光粒度仪

随着科技的进步，激光粒度仪目前作为一种新型的粒度测试仪器，已经在粉体加工、应用与研究领域得到广泛的应用。激光粒度仪的特点是测试速度快、测试范围广及操作简便。它可测量从纳米量级到微米量级如此宽范围的粒度分布，不仅能测量固体颗粒，还能测量液体中的粒子。与传统方法相比，激光粒度仪测试过程不受温度变化、介质黏度、试样密度及表面状态等诸多因素的影响，只要将待测样品均匀地展现于激光束中，激光粒度仪便能给出准确可靠的测量结果。

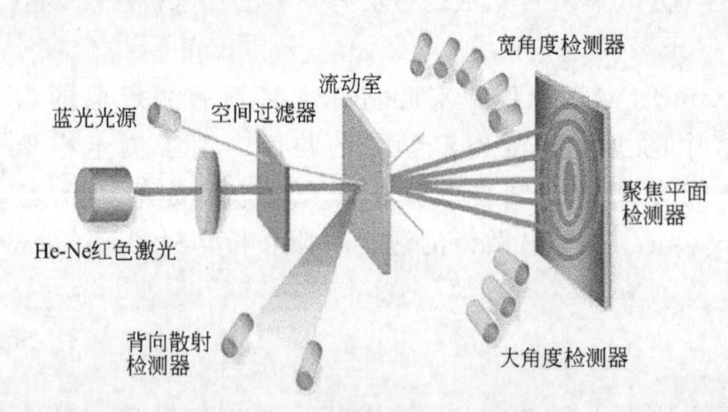

图 6-8 激光粒度仪工作原理

激光粒度仪工作原理：光在传播中，波前受到与波长尺度相当的隙孔或颗粒的限制，以受限波前处各元波为源的发射在空间干涉而产生衍射和散射，衍射和散射的光能的空间（角度）分布与光波波长和隙孔或颗粒的尺度有关。用激光作光源，光为波长一定的单色光后，衍射和散射的光能的空间（角度）分布就只与粒径有关。激光粒度仪的工作原理如图 6-8 所示。对颗粒群的衍射，各颗粒级的多少决定着对应各特定角处获得的光能量的大小，各特定角光能量在总光能量中的比例，应能够反映各颗粒级的分布丰度。按照这一思路，人们可建立表征粒度级丰度与各特定角处获取的光能量的数学物理模型，进而研制仪器，测量光能，由特定角度测得的光能与总光能的比较推出颗粒群相应粒径级的丰度比例量。

激光粒度仪依据分散系统分为湿法测试仪器、干法测试仪器、干湿一体测试仪器；另外还有专用型仪器，如喷雾激光粒度仪、在线激光粒度仪等。采用湿法分散技术，进行机械搅拌使样品均匀散开，超声高频震荡使团聚的颗粒充分分散，电磁循环泵使大小颗粒在整个循环系统中均匀分布，从而从根本上保证了宽分布样品测试的准确重复。测试操作简便快捷：放入分散介质和被测样品，启动超声发生器使样品充分分散，然后启动循环泵，实际的测试过程耗时只有几秒钟。测试结果以粒度分布数据表、分布曲线、比表面积、D10、D50、D90 等方式显示、打印和记录。

六、催化剂比表面积的测定

催化剂的表面积是衡量催化剂性质的重要指标之一。测量催化剂的表面积可以获得催化

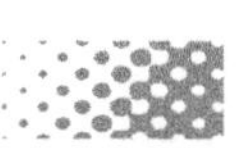

剂活性中心、催化剂失活、助催化剂和载体的作用等方面的信息。严格来说，催化剂的表面可细分为外表面和内表面。外表面是非孔催化剂的表面，等质量的同一催化剂比较，颗粒越小，外表面积越大。内表面是多孔催化剂的孔壁面积之和，催化剂孔数越多，孔径越大，内表面积越大。

通常认为，催化剂表面是提供化学反应的中心场所。因此，测定、表征催化剂的比表面积对考察催化剂的活性等性能具有重要意义和实际应用价值。

催化剂表面积越大，活性越高。所以常常把催化剂制成粉末或分散在表面积大的载体上，以获得较高的活性。在某些情况下，甚至发现催化活性与催化剂的表面积呈现出直线关系，这种情况可以认为在化学组成一定的催化剂表面上，活性中心是均匀分布的。但是这种关系并不普遍，因为具有催化活性的面积是总面积的很小一部分，而且活性中心往往具有一定结构。由于制备或操作方法不同，活性中心的分布及其结构都可能发生变化。因此，用某种方法制得表面积大的催化剂并不一定意味着它的活性表面积大并且具有合适的活性中心结构。所以，催化剂的催化活性与表面积常常不能成正比关系。

1. 比表面积

单位质量催化剂多孔物质内外表面积的综合称为比表面积，单位为 m^2/g。多孔催化剂的表面积主要由内孔贡献，孔径越小、孔数目越多时比表面积越大。一般来说，催化剂的表面积越大，该催化剂所含的活性中心越多，催化剂的活性也越高。少数催化剂的表面均匀，因此催化剂的活性与表面积呈直线关系。例如 2,3-二甲基丁烷在硅酸铝催化剂上 527℃时的裂解反应，裂解活性随比表面增加而线性增大，活性与比表面积成正比关系。

表面积是催化剂的基本性质之一，通过测定表面积可预示催化剂的中毒或表面性质的改变。如果活性的降低相较于表面积的降低更为严重的话，可推测催化剂中毒；如果活性随表面积的降低而降低，可能是催化剂热烧结而失去活性。例如：甲醇制甲醛所用的银（Ag）催化剂中加入少量氧化钼，甲醛的产率就会提高。测量结果表明，加入氧化钼前后比表面积没有差别，因此，可以认为氧化钼的存在改变了银的表面性质，使脱氢反应容易进行，因而活性增加。

2. 测试方法

表面积的测定方法主要有气体吸附法、X 射线小角度衍射法（直接测量法）。较为常用的方法是吸附法。催化剂的表面积针对反应来说，可以分为总比表面积和活性比表面积，总比表面积可用物理吸附的方法测定，而活性比表面积则可采用化学吸附的方法测定。

由吸附量来计算比表面积的理论很多，如朗格缪尔吸附理论、BET 吸附理论、统计吸附层厚度法吸附理论等。其中，BET 理论在比表面积计算方面在大多数情况下与实际值吻合较好，比较广泛地应用于比表面积测试，通过 BET 理论计算得到的比表面积又称为 BET 比表面积。统计吸附层厚度法主要用于计算外比表面积。

经典的 BET 法：物理吸附方法的基本原理基于 Brunauer-Emmett-Teller 提出的多层吸附理论，即 BET 公式。基于理想吸附（或朗格缪尔吸附）的物理模型，假定固体表面上各个吸附位置从能量角度而言都是等同的，吸附时放出的吸附热相同，并确定每个吸附位只能吸附一个质点，而已吸附质点之间的作用力则认为可以忽略。

求比表面积的关键，是用实验测出不同相对压力 P/P_0 下所对应的一组平衡吸附体积，然后将 $P/[V(P-P_0)]$ 对 P/P_0 作图。

基本假设：第一层蒸发的速率等于凝聚的速率，而吸附热与覆盖度无关；对于第一层以外的其他层，吸附速率正比于该层存在的数量（此假设是为数学上的方便而做的）。

除第一层以外，假定所有其他层的吸附热等于吸附气体的液化热。

对一直到无限层数进行加和，得到 BET 公式（无穷大型）。

$$\frac{P}{V(P_0-P)}=\frac{1}{V_m C}+\frac{(C-1)P}{V_m C P_0}$$

将 $P/[V(P-P_0)]$ 对 P/P_0 作图，直线的斜率为 $(C-1)/(V_m C)$，截距为 $1/(V_m C)$，由此可求出 $V_m=1/$(斜率＋截距)。

S_g 表示每克催化剂的总表面积，即比表面积。若知道每个吸附分子的横截面积，就可根据以下公式求出催化剂的比表面积：

$$S_g=\frac{NA_m V_m}{22400W}$$

式中，N 为阿伏伽德罗常数；A_m 为吸附分子的截面积；W 为催化剂质量；V_m 为饱和吸附量。

目前，应用最广泛的吸附质是 N_2，其 A_m 值为 0.162nm^2，吸附温度在其液化点 77.2K 附近，低温可以避免化学吸附。相对压力控制在 0.05～0.35 之间，当相对压力低于 0.05 时不易建立起多层吸附平衡；高于 0.35 时发生毛细管凝聚作用。对多数体系，相对压力在 0.05～0.35 之间的数据与 BET 公式有较好的吻合。

基于 BET 原理，目前常见的测定气体吸附量的方法有如下几种。

① 容量法。测定比表面积是测量已知量的气体在吸附前后体积之差，由此即可算出被吸附的气体量。

在进行吸附操作前要对催化剂样品进行脱气处理，然后进行吸附操作。如果用氮气（N_2）为吸附质时吸附操作在－195℃下进行。

② 重量法。该法原理是用特别设计的方法称取被催化剂样品吸附的气体重量。

③ 气相色谱法。容量法、重量法都需要高真空装置，而且在测量样品的吸附量之前，要进行长时间的脱气处理。利用气相色谱法测比表面积时，固定相就是被测固体本身（即吸附剂就是被测催化剂），载气可选用氮气、氢气等，吸附质可选用易挥发并与被测固体间无化学反应的物质，如苯、四氯化碳、甲醇等。

3. 活性比表面积的测定

BET 方法测定的是催化剂的总表面积，而催化剂上只有主催化剂（或主催化剂和共催化剂）的表面才具有活性，这部分表面叫活性表面（表 6-1）。活性表面的面积可以用“选择化学吸附”来测定。如附载型金属催化剂，其上暴露的金属表面是催化活性的，以氢气、一氧化碳为吸附质进行选择化学吸附，即可测定活性金属表面积，因为氢气、一氧化碳只与催化剂上的金属发生化学吸附作用，而载体对这类气体的吸附可以忽略不计，可以通过气体吸附量计算活性表面积。同样，用碱性气体进行化学吸附，可测定催化剂上酸性中心所具有的表面积。首先，要确定选择性化学吸附的计量关系。

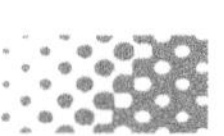

表 6-1 催化剂活性表面表征

类别			测试方法	备注
总表面积			BET 法	标准方法
			X 射线小角度法	快速测定表面积
活性表面积	金属	化学吸附法	H_2 吸附法	不适用于钯催化剂
			O_2 吸附法	计量数不确定；尤其适用于不容易化学吸附氢或一氧化碳的金属
			CO 吸附法	不适合容易生成羰基化合物的金属
			N_2O 吸附法	尤其适用于负载型铜和银催化剂中金属表面积的测定
			吸附-滴定法	H_2-O_2 滴定法先决条件是先吸附的氧只与活性中心发生吸附作用
			电子显微镜法	困难，对 Pt、Pd 负载催化剂效果较好
			X 射线谱线加宽法	粗略估计各种晶体组分的表面积
	氧化物		无通用方法，利用各组分在化学吸附性质方面的差异进行测量	

（1）金属催化剂有效表面积测定

金属表面积的测定方法很多，有 X 射线谱线加宽法、X 射线小角度法、电子显微镜法、BET 真空容量法及化学吸附法等。其中以化学吸附法应用较为普遍，局限性也最小。所谓化学吸附法即某些探针分子气体（CO，H_2，O_2 等）能够有选择地、瞬时地、不可逆地化学吸附在金属表面上，而不吸附在载体上。所吸附的气体在整个金属表面上生成一单分子层，并且这些气体在金属表面上的化学吸附有比较确定的计量关系，通过测定这些气体在金属表面上的化学吸附量即可计算出金属表面积。下面对经常采用的某些探针分子气体的化学吸附法作简单的介绍。

① H_2 吸附法。H_2 吸附法的关键在于使催化剂表面吸附的 H 原子达到饱和，由于形成 H_2 饱和吸附的条件比较苛刻，H_2 的程序升温脱附不能在常压反应器中进行，因此限制了该法的应用，而且不同的吸附压力和吸附时间下得到的饱和吸附量不同，从而影响了测量的准确性。

② 其他吸附法。化学吸附法除了最常用的 H_2 吸附法外，常见的吸附法还有 CO 吸附法、O_2 吸附法、N_2O 吸附法等，其中 N_2O 吸附法最近又发展出了很多更为实用的技术如量热法、脉冲色谱法、前沿反应色谱法、容量法等。一般情况下，CO 吸附法、O_2 吸附法、N_2O 吸附法用于表面积测试的效果不如 H_2 吸附法的测试效果，得到的结果也没有 H_2 吸附法的令人满意。因为这些气体生成单层和化学吸附的化学计量比都不容易控制。但是，这些方法在某些特殊情况下具有很大的应用价值。如，O_2 吸附法对于不容易化学吸附氢或一氧化碳的金属则比较有价值，而且氧化学吸附脉冲色谱法不仅不需要高真空装置，而且操作简便、快速、灵敏度高；CO 吸附法对于容易生成羰基化合物的金属则不适宜；N_2O 吸附法是测定负载型铜和银催化剂中金属表面积的优选方法。

③ 吸附-滴定法。只要化学计量比是已知和可以重现的，则吸附物种和气相物种之间的反应可以用来测定表面积。

最常采用的是 H_2-O_2 滴定法，该法用于 Pt 负载催化剂的表面积测试最为有效，其用于非负载型金属粉末的表面积测试也只能严格地被视为氢化学吸附法的代用方法，因为金属粉末要得到完全洁净而无烧结的表面是非常困难的。滴定方法有应用价值的第二种场合是双金属催化剂，其中反应得以进行的条件可能强烈地与化学吸附成分所处的金属组分的本性有关。这可供区别组分之用。

表面氢氧滴定也是一种选择吸附测定活性表面积的方法。先让催化剂吸附氧，然后再吸附氢，吸附的氢与氧反应生成水。由消耗的氢按比例推出吸附的氧的量。从氧的量算出吸附中心数，由此数乘上吸附中心的截面积，即得活性表面积。当然，做这种计算的先决条件是先吸附的氧只与活性中心发生吸附作用。

(2) 氧化物催化剂有效表面积测定

如果只存在单独一种氧化物组分，显然表面积（总表面积）最好用物理吸附（BET）来测定，然而，如果在催化剂中不只存在一种组分，就会在其他氧化物或金属组分存在的情况下，选择性地测定指定氧化物表面积的问题。

任务　催化剂表面负载金属的表面积测定

【布置任务】 测定催化剂表面负载金属的表面积（Pt/Al_2O_3）。

【分析任务】 在进行化学吸附之前，催化剂样品要经过升温脱气处理。处理的目的是获得清洁的铂表面。脱气处理在加热和抽真空的条件下进行，温度和真空度越高，脱气越完全；但温度不能过高，以免铂晶粒被烧结。

【完成任务】 根据上面提供的方法，可选择化学吸附法和吸附-滴定法测铂的比表面积。

① 氢的化学吸附法。实验证明，在适当条件下，氢在催化剂 Pt/Al_2O_3 上化学吸附达到饱和时，表面上每个铂原子吸附一个氢原子，即 H/Pt 之比等于 1。

② 氢氧滴定法。氢氧滴定法是将 Pt/Al_2O_3 催化剂在室温下先吸附氧，然后再吸附氢。氢和吸附的氧化合生成水，生成的水被吸收。由消耗的氢按比例推算出吸附氧的量，根据氧的量计算出吸附中心数，再乘以吸附中心的横截面积，即得活性表面积。

七、催化剂密度和孔结构测定

当反应分子由颗粒外部向内表面扩散或当反应产物由内表面向颗粒外表面扩散受到阻碍时，催化剂的活性和选择性就与孔结构有关。不仅反应物向孔内的扩散能影响反应速率，而且反应产物的逆扩散同样能影响反应速率，即孔径也影响这类反应的表观活性。孔结构不同，反应物在孔中的扩散情况和表面利用率都会发生变化，从而影响反应速率。

孔结构对催化剂的选择性、寿命、机械强度和耐热性能都有很大的影响。研究孔结构对改进催化剂、提高活性和选择性具有重要的意义。

(1) 催化剂密度的测定

催化剂密度的大小反映出催化剂的孔结构与化学组成、晶相组成之间的关系。一般来说，催化剂孔体积越大，其密度越小。催化剂组分中重金属含量越高，则密度越大；载体的晶相不同，密度也不同。如 α-Al_2O_3 和 γ-Al_2O_3 的密度各不相同。

① 堆密度。用量筒测量催化剂的体积，所得到的催化剂的密度称为堆密度。

测定堆密度时，通常是将催化剂放入量筒中拍打。堆积密度受容器大小、填充方式等因素的影响。测定时应按一定的方法进行。通常是从一定的高度让试料通过一漏斗定量自由落下。松散充填后的密度称为疏充填堆积密度；密实充填后的密度称为密充填堆积密度。此外还有压缩率、充填率及空隙率等参数。

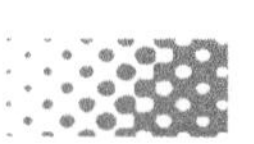

粉料的堆积密度、充填率与颗粒大小及其分布、形状有关，尤以粒径分布的影响大。

② 颗粒密度。颗粒密度是单位催化剂的质量与其几何体积之比。实际很难准确测量单粒催化剂的几何体积，按以下各式计算$\rho_{颗}$：

$$\rho_{颗}=m/V_{几何体积}$$

$$V_{堆}-V_{隙}=V_{几何体积}$$

$$\rho_{颗}=m/(V_{堆}-V_{隙})=m/(V_{孔}+V_{真})$$

测$V_{隙}$采用汞置换法，利用汞在常压下只能进入孔半径大于500nm的孔的原理。

测量方法：测定堆积的颗粒之间孔隙的体积常用汞置换法，利用汞在常压下只能进入大孔的原理测量$V_{隙}$。在恒温条件下测量进入催化剂空隙之间汞的重量（换算成$V_{汞}=V_{隙}$），即可算出$V_{孔}+V_{真}$的体积。用这种方法得到的密度，也称为汞置换密度。

③ 真密度。当测得的体积仅仅是催化剂的实际固体骨架的体积时，测得的密度称为真密度，又称为骨架密度。

$$\rho_{真}=m/V_{真}$$

即

$$\rho_{颗}=m/(V_{堆}-V_{隙}-V_{孔})$$

测量方法：一般用氦流体置换法测定。氦的有效原子半径仅为0.2nm，并且几乎不被样品吸附。由引入的氦气量，根据气体定律和实验时的温度、压力可算得氦气占据的体积V_{He}，它是催化剂颗粒之间的孔隙体积$V_{隙}$和催化剂孔体积$V_{孔}$之和，即$V_{He}=V_{隙}+V_{孔}$。由此可求得$V_{真}$。

(2) 比孔体积、孔隙率

① 比孔体积。每克催化剂颗粒内所有孔的体积总合成为比孔体积（比孔容、孔体积、孔容）。

测定公式为：

$$V_{比孔容}=1/\rho_{颗}-1/\rho_{真}$$

式中，$1/\rho_{颗}$为每克催化剂的骨架和颗粒内孔所占的体积；$1/\rho_{真}$为每克催化剂中骨架的体积。

② 孔隙率。催化剂孔隙率为每克催化剂颗粒内孔体积占催化剂颗粒总体积（不包括颗粒之间的空隙体积）的比例，以θ表示：

$$\theta=(1/\rho_{颗}-1/\rho_{真})/(1/\rho_{颗})$$

八、表征方法

（一）红外吸收光谱技术

每个分子都有自己的振动频率，可以吸收和释放出红外辐射波。该辐射波的特征与振频和强度以及分子的分子量、几何形状、分子中化学键类型、所含有的官能团等密切相关，因此反映这种特征的红外吸收光谱就逐渐成为研究表面化学，鉴别固体表面吸附物质的有用技术。

红外光谱（IR）已经广泛应用于催化剂表面性质的研究，其中最有效和广泛应用的是研究吸附在催化剂表面的所谓探针分子的红外光谱，如NO、CO、CO_2、NH_3、C_5H_5N等。红外光谱可以提供在催化剂表面存在的“活性部位”的相关信息。用这种方法可以表征催化剂表面暴露的原子或离子，更深刻地揭示表面结构的信息。与其他方法相比，红外光谱研究所获得的信息只限于探针分子（或反应物分子）可以接近或势垒所允许的催化剂工作表面。这对于表征催化剂是十分重要的。

对于分子探针技术来说，探针分子的选择尤为重要，它直接关系到实验所预期的目标。分子探针红外光谱技术中最常采用的探针分子有CO、NO、NH_3、C_2H_4、CH_3OH、H_2O以及吡啶。之所以选择上述探针分子其原因有以下两个。

① 上述探针分子大多数分子结构简单，因此谱带解析相对来说比较简单。

② 400～1200cm^{-1}范围内的谱带受吸附的影响，而固体催化剂的骨架振动一般不会出现在此范围，因此相互之间不产生干扰或干扰很小。

值得注意的是，并不是说只可以采用上述探针分子，理论上可以采用任何化合物，只不过当采用结构比较复杂的探针分子时图谱解析比较困难。

尽管探针分子红外光谱技术在催化剂表征方面具有举足轻重的作用，但是也存在以下一些缺点。

① 红外光谱一般很难得到低波数（200cm^{-1}以下）的光谱，而低波数光谱区恰恰可以反映催化剂结构信息，特别如分子筛的不同结构可在低波数光谱区显示出来。

② 大部分载体（如γ-Al_2O_3、TiO_2和SiO_2等）在低波数的红外吸收很强，在1000cm^{-1}以下几乎不透过红外光。

③ IR测试过程中所采用的NaCl、KBr、$CaCl_2$容易被水或其他液体溶解，所以IR测试不适用于通过水溶液体系制备催化剂过程的研究。

（二）X射线谱技术

X射线谱技术可以分为两类：X射线衍射技术和X射线吸收技术。

绝大多数催化剂如分子筛、氧化物、负载金属、盐等都是晶体，因此X射线衍射技术成为表征这些固体催化剂的基本手段，通过XRD（X-ray diffraction，X射线衍射）的表征可以获取以下信息：催化剂的物相结构、组分含量、晶粒大小。

物相定性分析是XRD技术在催化剂研究中的主要用途。但是XRD技术是依赖于晶格的长程有序的衍射技术，否则非但看不到非晶体，也看不到5nm以下的微晶。所以仅通过XRD技术，以及对我们所看到的部分对催化剂整体下结论显然是不全面的，而X射线吸收技术（其中主要包括EXAFS和XANES）则可以在一定程度上突破上述局限。EXAFS主要包含详细的局域原子结构信息，其能够给出吸收原子近邻配位原子的种类、距离、配位数和无序度因子等结构信息，它通常通过拟合的方法分析获得；而XANES中则包含吸收原子的价态、密度以及定性的结构信息，它主要是通过模拟的方法来解释。

EXAFS（即，扩展X射线吸收精细结构）技术用于催化领域的研究主要有以下特点。

① EXAFS现象来源于吸收原子周围最邻近的几个配位壳层作用，决定于短程有序作用，不依赖于晶体结构，可用于非晶态物质的研究，处理EXAFS数据能得到吸收原子邻近配位原子的种类、距离、配位数及无序度因子。

② X射线吸收边具有原子特征，可以调节X射线的能量，对不同元素的原子周围环境分别进行研究。

③ 由吸收边位移和近边结构可确定原子化合价态结构和对称性等。

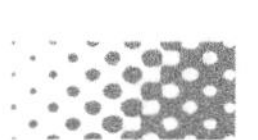

④ 利用强 X 射线或荧光探测技术可以测量几个百万分比浓度的样品。

⑤ EXAFS 可用于测定固体、液体、气体样品，一般不需要高真空，不会损坏样品。

尽管 EXAFS 技术用于催化领域的研究具有其他常规技术所无法比拟的优点，但是 EXAFS 作为一项有广泛用途的结构探测技术也不可避免地存在一些缺点。其中最大的缺点就是：EXAFS 只能提供平均的结构信息。

（三）热分析技术

热分析是研究物质在受热或冷却过程中其性质和状态的变化，并将此变化作为温度或时间的函数来研究物质性质和状态变化规律的一种技术。它是在过程控制温度下，测量物质的物理性质与温度关系的一类技术。由于它是一种以动态测量为主的方法，所以相较于静态的测量方法，具有快速、简便和连续等优点，是研究物质性质和状态变化的有力工具。在本部分所指的热分析技术（此处的热分析技术并非传统意义上的热分析，只包括以下列举中的前三种技术）主要包括：热重分析（TG）、差热分析（DTA）、差示扫描量热法（DSC）、程序升温还原（TPR）、程序升温氧化（TPO）。

将样品质量变化作为温度的函数记录下来，所得到的曲线即为热重曲线，重量变化对应一个台阶，根据台阶个数和温度区间、台阶高度、斜率等来研究样品变化。通常差热分析与热重分析结合使用。

差热分析是将样品和参比物的温差作为温度函数连续测量的方法，记录温差 ΔT 随温度 T 变化的曲线称为差热曲线。伴随有吸热或放热的相变或化学反应都会对应负峰或正峰。根据峰的形状、个数，出峰时间及峰顶温度等可以鉴别物相及其变化。

差示扫描量热分析与差热分析在原理上相似，都是将样品与一种惰性参比物（常用 d-Al_2O_3）同置于加热器的两个不同位置上，按一定程序恒速加热 。只是差示扫描量热分析是将温度变化用分析试样保持同一温度所必需的功率输入值来代替。

热分析用于催化剂体相性质的表征，可以获取诸如载体或催化剂易挥发组分的分解、氧化、还原，固-固、固-气以及液-气的转变，活性物种等信息，还可以用于确定催化剂组成、确定金属活性组分价态、金属活性组分于载体间的相互作用、活性组分分散阈值及金属分散度测定、活性金属离子的配位状态及分布。

热分析技术的显著特点是：①动态、原位测试，更能反映催化剂的实际性质；②设备简单、操作方便；③易与其他技术联合应用，获取信息多样化；④可根据需要自行设计，能很好满足各种具体测试的不同要求。

（四）显微分析技术

该技术可以研究观测催化剂外观形貌，进行催化剂粒度的测定和晶体结构分析，同时还可研究高聚物的结构、催化剂的组成与形态以及高聚物的生产过程、齐格勒-纳塔体系的催化剂晶粒大小、晶体缺陷等。

1. 扫描隧道显微镜法（STM）

工作原理：扫描隧道显微镜的工作原理非常简单，基于量子力学的隧道效应和三维扫描。一根非常细的钨金属探针（针尖极为尖锐，仅由一个原子组成，为 0.1～1nm）慢慢地划过被分析的样品，如同一根唱针扫过一张唱片。在正常情况下互不接触的两个电极（探针和样品）之间是绝缘的。然后当探针与样品表面距离很近，即小于 1nm

时，针尖头部的原子和样品表面原子的电子云发生重叠。此时若在针尖和样品之间加上一个电压，电子便会穿过针尖和样品之间的绝缘势垒而形成纳安级（10^{-9}A）的隧道电流，从一个电极（探针）流向另一个电极（样品），正如不必再爬过高山却可以通过隧道而直接从山下通过一样。当其中一个电极是非常尖锐的探针时，由于尖端效应而使隧道电流加大。将得到的电流信息采集起来，再通过计算机处理，可以得到样品表面原子排列的图像。

扫描隧道显微镜的工作原理如图 6-9 所示。

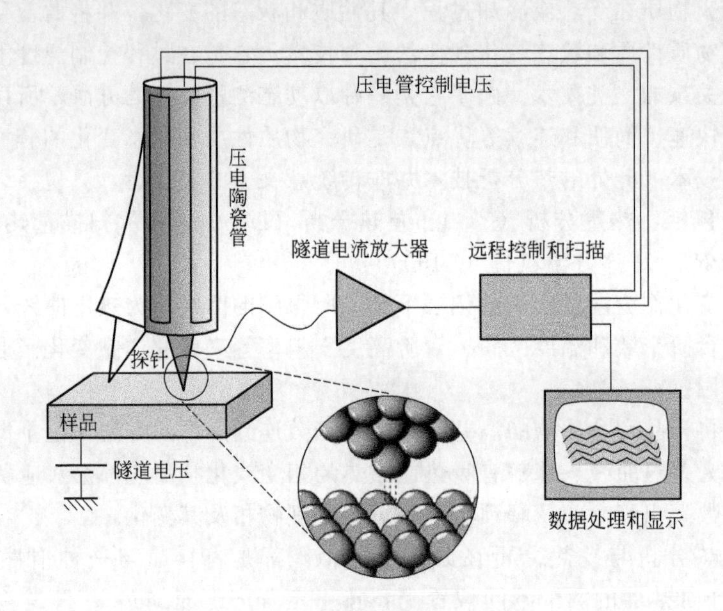

图 6-9　扫描隧道显微镜工作原理图

2. 透射电子显微镜法（TEM）

工作原理：电子枪发射的电子在阳极加速电压的作用下，高速地穿过阳极孔，被聚光镜会聚成很细的电子束照明样品。因为电子束穿透能力有限，所以要求样品做得很薄，观察区域的厚度在 200nm 左右（图 6-10）。由于样品微区的厚度、平均原子序数、晶体结构或位向有差别，使电子束透过样品时发生部分散射，其散射结果使通过物镜光阑孔的电子束强度产生差别，经过物镜聚焦放大在其像平面上，形成第一幅反映样品微观特征的电子像。然后再经中间镜和投影镜两级放大，投射到荧光屏上对荧光屏感光，即把透射电子的强度转换为人眼直接可见的光强度分布，或由照相底片感光记录，从而得到一幅具有一定衬度的高放大倍数的图像（图 6-11）。

3. 扫描电子显微镜法（SEM）

扫描电子显微镜（图 6-12）主要由电子光学系统（图 6-13）、显示系统、真空及电源系统组成。

工作原理：从电子枪灯丝发出的直径 20～35μm 的电子束，受到阳极的 1～40kV 高压的加速射向镜筒，并受到第一、第二聚光镜（或单一聚光镜）和物镜的会聚作用，缩小成直径约几纳米的狭窄电子束射到样品上。与此同时，偏转线圈使电子束在样品上作光栅状的扫描。电子束与样品相互作用将产生多种信号，其中最重要的是二次电子。二次电子能量很

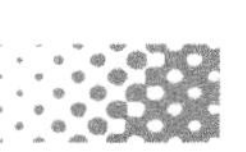

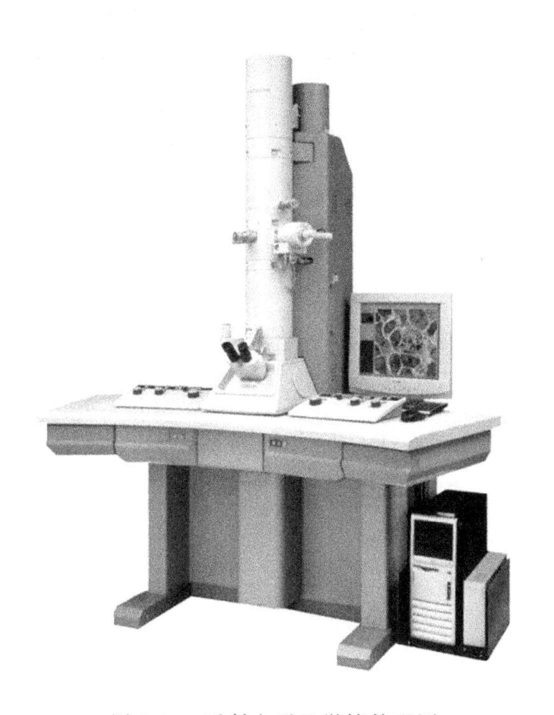

图 6-10　透射电子显微镜外观图

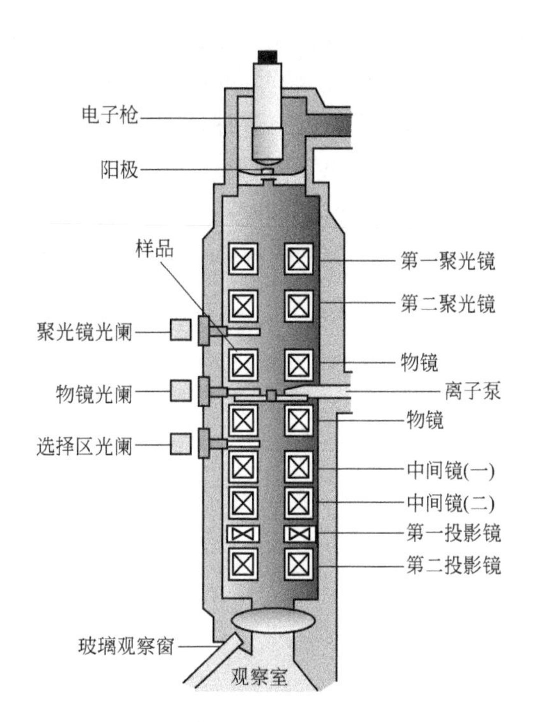

图 6-11　透射电子显微镜结构图

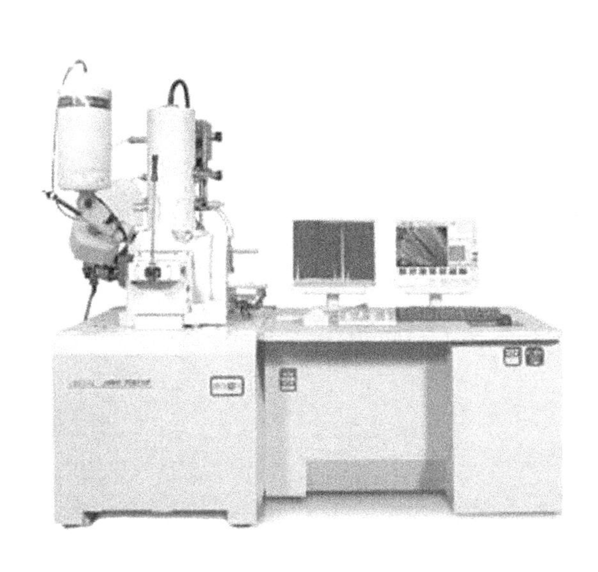

图 6-12　扫描电子显微镜外观图

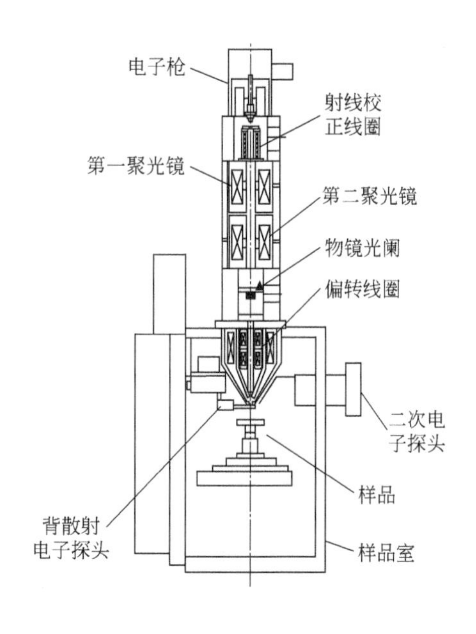

图 6-13　电子光学系统结构图

低（小于 50eV），受到闪烁片上的高压（+10kV）的吸引和加速射向闪烁片。闪烁片受到二次电子的冲击把电子的动能转变成可见光，光通过光导棒送到光电倍增管，在那里光被高倍放大并转换成为电流。这个电信号经过前置放大、视频放大后，用它去调制显像管的电子束强度。由于控制镜筒入射电子束的扫描线圈的电路同时也控制显像管的电子束在屏上的扫描，因此，两者是严格同步的，并且样品上被扫描的区域与显像管屏是点点对应的。样品上任意一点的二次电子发射强度的变化都将表现为显像管屏上对应点的亮度的变化，从而组成了图像。该图像可在观察显像管屏上观察，也可将照相显像管屏上的图像拍摄记录下来。

扫描电镜二次电子像的放大倍率由屏上图像的大小与电子束在样品上扫描区域大小的比例决定：M＝像的大小/扫描区域的大小。通常显像管屏的大小是固定的，例如多用 9in 或 12in 显像管，而电子束扫描区域大小很容易通过改变偏转线圈的交变电流的大小来控制。因此，扫描电镜的放大倍数很容易从几倍一直达到几十万倍，而且可以连续、迅速地改变，这相当于从放大镜到透射电镜的放大范围。

学习情境 7

固定床反应器装填催化剂

【知识目标】

1. 学习并掌握催化剂运输和固定床反应器装填催化剂的一般规则。
2. 学习常见固定床反应器的装填方法和设备。

【能力目标】

1. 能正确表述出催化剂运输的注意事项。
2. 能按任务完成催化剂装填前的准备工作。

反应器类型很多，结合具体工艺流程和工艺参数，尤其催化剂不同，装填的具体操作规程各不相同。本情境中节选工业生产使用比例较高的固定床为例，介绍固定床催化剂装填过程中的通用要求、方法和规程。

一、催化剂装填的目的

催化剂装填的好坏直接影响着反应器中催化剂床层气流分布的均匀程度，催化剂床层压力降的大小，催化剂效能的有效发挥，反应系统的正常生产、节能降耗乃至催化剂使用寿命的长短。因此，在催化剂装填过程中，必须严格按照催化剂装填方案进行，必须尽可能防止破损，防止“架桥”现象的出现。

二、催化剂装填应具备的条件

反应器装填催化剂前应具备的条件主要是为安全工作所作的准备。具体常见的基本条件如下。

① 系统设备、管线吹扫工作已全部结束，并经检查验收合格。

② 合成塔顶部封头、人孔、管线等与催化剂装填工作相关联需拆开的部位已经拆开并进行了封口保护措施。

③ 容器及周围现场清理打扫干净。

④ 催化剂装填所需物资、人员、工器具准备齐全，且装填人员已经过安全培训合格，振动器安装完毕。塔内件校正并清洗热电偶套管，洗完需通过干燥空气吹干。

⑤ 催化剂装填的记录报表准备齐全。

⑥ 现场工作棚、催化剂存放棚安装完毕，防雨措施齐备。

三、催化剂的装填技术要求

① 为了防止在装填过程中，催化剂过多地吸收空气中的水分，装填催化剂时应选择晴朗、干爽的天气，不要在阴、雨天装填，遇到下雨或太潮湿的天气应暂停装填工作；催化剂不要长时间暴露在空气中，特别是潮湿的地方更需引起注意。

② 催化剂装填前应进行过筛，以免将催化剂内粉尘带入塔内，从而增加催化剂床层阻力。操作人员进入反应器内进行装填时，必须戴上防尘面罩，并避免直接踩在催化剂上，以免催化剂破裂。另外，催化剂装填完毕后，应用空气（或氮气）进行吹除，将管内和管板上的催化剂粉尘清除干净。

③ 反应器内的耐火材料（如，氧化铝球）的装填要由大到小依次向上装，装填要均匀、平整，以防止催化剂漏下和保证气流分布均匀。催化剂的装填方法为撒布法，为了使催化剂装填均匀，采用分区、分段计量的方法，即横截面积沿圆周分成4个区，沿催化剂床层的高度每2m为一段，催化剂自漏斗进入塔内换热板间，每个单元装填等量的催化剂，先装填80%～90%，然后根据测量的高度，用小勺填平补齐，力求装填均匀，使催化剂各处松紧一致。

④ 催化剂装填要缓慢、均匀，避免产生“架桥”现象。为避免催化剂在塔中发生“架桥”现象，在装填过程中，要分段多点测量装填高度，确保催化剂装填均匀一致，并间断开启振动器填实。同时核对装填数量与高度是否相符，核对装填的规格型号是否和塔内的要求相符，予以记录后再依次进行下一段的装填。

⑤ 认真做好装填记录，装填完毕，催化剂密度应大于或等于设计值的99%。若催化剂装填好之后短时间内不能升温还原，一定要将合成系统封闭或充氮保护，防止水蒸气及有害气体窜入合成塔内损害催化剂。

四、催化剂运输和保管注意事项

运输时尽可能轻搬运，严禁摔、滚、撞击，以防止催化剂破碎。催化剂储存要注意防潮、防污。工业生产上催化剂保管的一般注意事项如下。

① 搬运：在搬运过程中不允许撞击催化剂，应轻拿轻放，严禁在地面滚运催化剂。催化剂在搬运过程中难免会因碰撞、震动产生破碎、粉尘，因此在装填时须进行过筛（或抽检数桶过筛，视破碎情况再确定是否全部过筛）。严禁用铁锹等铁制品运送催化剂。

② 防雨防潮：因装填工作在露天进行，塔框架四周需安装防护架和防雨棚，在停装期间，用防雨布等防护用品盖好塔口，同时底部需通氮气保持正压，防止催化剂受潮。

③ 干燥：为防止催化剂在低温（−5℃以下）中出现“冻碎”，催化剂到达厂家后，必须放置在干燥的房屋内保管。

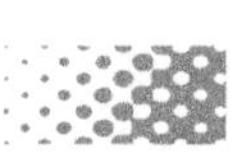

④ 施工天气选择：必须选择晴天或气候干燥的天气装填催化剂，以免催化剂因吸收空气中水分及其他有害物质而影响其活性和使用寿命。在装填过程中，如遇下雨，必须立即停止装填工作，用防雨布将塔口封好，并通入氮气。

⑤ 催化剂在运输、过筛、起吊、装填过程中必须轻拿轻放，不准摔打、滚动催化剂桶。

五、催化剂装填方法

对应不同类型的反应器，其催化剂装填方法也不相同。本情境主要对化工生产中应用较多的固定床反应器中催化剂装填进行简述。装填固定床反应器要注意两个问题：①要避免催化剂从高处落下造成破碎；②在填装催化剂床层时一定要注意分布均匀。

固定床反应器内催化剂装填的两种常用方式：紧密式装填（dense loading ）和布袋式装填（也叫袜袋式装填，sock loading，如图 7-1 所示）。针对不同型号的反应器，实际装填方式以及所用的装填工具也是多种多样的（图 7-2、图 7-3）。

(a) 紧密式装填

(b) 袜袋式装填

图 7-1　催化剂两种装填方式图

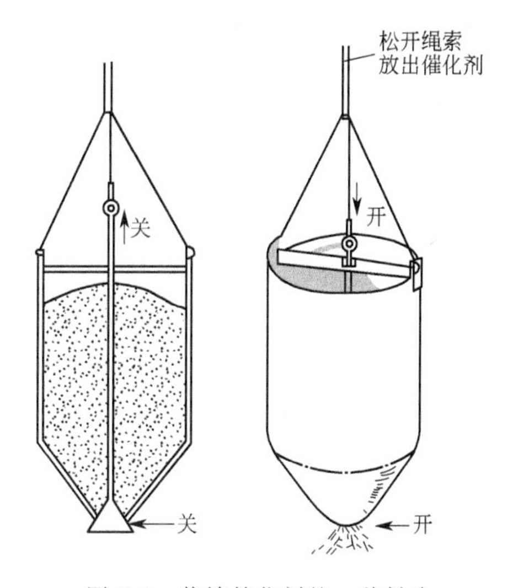

图 7-2　装填催化剂的一种料斗

图 7-3　装填催化剂的料斗

1. 布袋法装填方法

催化剂或被装填在又细又长的塑料袋里（袜袋里）运往工作现场，或者在工作现场直接填装。这些袜状袋子要比装填催化剂的转化炉管的内径小 15mm 左右，且每个袜袋里都要装填相同的、预先算好量的催化剂。袜袋填装完毕后，从其顶部 20cm 处折叠起来，或者通过结一个绳结，或者穿过一个“活绳扣”，把一个强度较大的细杆子系到袜袋的另一端。然后把袜袋折叠的一端续入转化反应管内，并让它尽量落入管子最深处，接着用力狠拽一下细杆子，打开袋子底部，此时催化剂就会从袜袋转移到转化管内，最后把袜袋抽出来。

2. 流行的 Hydro Unidense™ 装填方法

Hydro Unidense™ 技术是一种可控制的、连续而慢速的填装方法。它能够在无需振动的情况下，提供一种高密度堆积且均匀分布的催化剂装填。这种催化剂装填技术是由挪威海德鲁公司于 20 世纪 90 年代初期开发的。此后被广泛应用于全球至少 460 个合成工艺装置的催化剂装填，其中 150 个装置是 2002 年以后才投入使用的。

Hydro Unidense™ 技术的工作原理如图 7-4 所示。在一根线或绳索上面，横向固定一系列用弹簧制成的圆形刷子，然后将其悬挂到一个固定在炉管上面的填充漏斗里，并沿着炉管的内部轴线垂直向下。刷子的长度要略小于管子的内径。催化剂颗粒被匀速倒入漏斗内，在其降落的过程中，通过接触，弹簧刷子能控制并停止催化剂颗粒的降落。猛拉绳索则可以加快催化剂颗粒的降落，在催化剂填满转化管后可将其抽出。

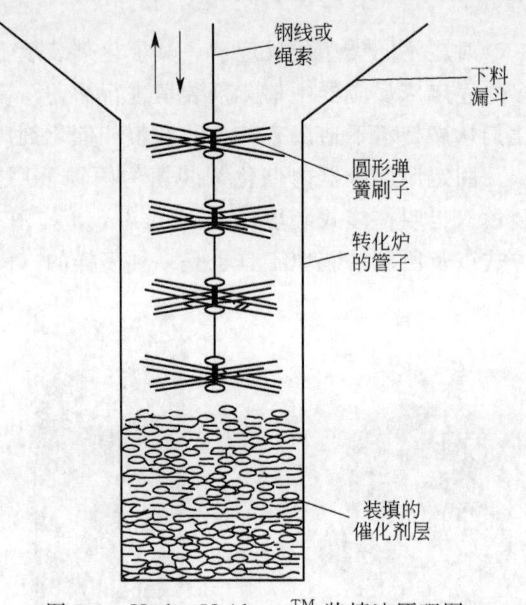

图 7-4　Hydro Unidense™ 装填法原理图

任务一　固定床反应器装填催化剂

【布置任务】固定床反应器（合成氨合成塔）催化剂装填。

【分析任务】合成塔高及周围环境如何？作业人员安全措施如何？操作要求是什么？天气条件如何？催化剂装填后工艺参数及要求有哪些？

【完成任务】

① 在干净的地上放置两张篷布，在篷布上用孔径适宜的筛子将催化剂开桶过筛，除去其中的催化剂细灰和碎粒。最好是将催化剂通过一倾斜筛子进行过筛，在过筛过程中要防止踩碎催化剂。

② 过筛后的催化剂分装于 10～15L 的小袋子中，用吊车吊至合成塔上部人孔平台。需要注意的是，不要用铁锹等铁制品转运催化剂。按预计装填高度在合成塔内画好催化剂的装填高度线。

③ 根据合成塔直径大小确定进入合成塔装填催化剂的人数，入塔装填催化剂的人员必须佩戴过滤式防尘口罩和防尘镜，不可携带易脱落物品进入合成塔内。操作人员进入上管板装填催化剂的过程中必须有人在人孔附近负责监护和联系工作。反应器内的操作人员应按照

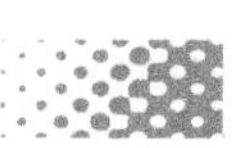

列管排列顺序，将催化剂缓慢、均匀地装入列管内。一定要控制装填速度，防止催化剂“架桥”。在装填过程中，要经常将管板上的催化剂扫入反应管中，并依次将每根催化剂管都装至离上管口约 5～10mm 处。注意防止操作人员踩碎催化剂。

④ 继续在上管板上装一层高度约为 350mm 的催化剂（如果设计要求需要多装催化剂，则最高不超过 550mm），以弥补催化剂还原后的体积收缩。装填完毕后在催化剂上面铺两层大小与合成塔内径相同的不锈钢丝网，并用大瓷球压住丝网边缘。

⑤ 装填完毕并经检查确认塔内未遗留任何物品后，方可撤出塔内照明灯，通知检修人员封好上部人孔。用仪表空气或氮气吹扫床层催化剂粉尘后，再用氮气置换系统，置换合格后充氮气保护等待升温还原。

【拓展阅读】

一氧化碳变换催化剂装填

【摘要】本文介绍了正确的一氧化碳变换催化剂在装填过程中的前期准备、装填步骤、注意事项等。正确的催化剂装填在开停车过程中，可以使催化剂的活性、机械强度、物理属性受到最小影响，更有效地延长催化剂的使用寿命。

【关键词】 催化剂装填；活性；机械强度；延长；使用寿命

当今化工行业中，一氧化碳变换是一个必不可少的环节，一氧化碳变换技术的发展取决于变换催化剂性能。变换催化剂的性能及热回收方式决定了变换工艺的流程配置及工艺先进性。根据目前大中型甲醇装置的变换工艺在整个净化工艺中的配置情况，变换使用的催化剂和热回收方式是关键。

催化剂的装填在整个变换系统中起着非常重要的作用，在开车、导气、加减负荷时，催化剂错误的装填容易使催化剂活性和机械强度受到影响，甚至损坏催化剂使之报废。在这些过程中，应掌握催化剂装填的方案来进行合理的装填操作，既能有效保护催化剂，又可以延长催化剂的使用寿命。

一、装填前的准备工作

① 必须认真检查反应器，保持清洁干净，检查内件的牢固情况，并确认内部敷设的金属钢丝网完好及热电偶保护管完好。

② 催化剂装填前应确保反应器的前、后系统彻底吹扫干净，反应器与系统完全隔离。

③ 临时工棚已搭好，选择的天气要好，不能在阴雨天气进行催化剂装填，防止催化剂泡水造成粉化。搭好平台，在催化剂填料口安装好填料漏斗。

④ 对使用的瓷球、催化剂应提前检查并确认数量、规格及型号，认真核对反应器的格栅、金属丝网的规格、数量及材质并确认无误。

⑤ 各种运输设备及起吊都已到位；各种防护器具及临时供风设备准备就绪。

⑥ 催化剂装填记录表格准备就绪。

⑦ 装填操作人员已熟知装填方案并经安全培训合格。

⑧ 辅助装填操作人员已熟知装填方案并分工明确。

二、催化剂的装填

1. 耐火球的装填

① 计算好下封头耐火球装填体积，打开支撑结构人孔，进入下封头，确定出瓷球的装填高度，用粉笔做上标记。用帆布袋接在装催化剂的漏斗下面，炉内人员拉住布袋口，避免瓷球直接落到下面而造成损坏。

② 将筛选好的Φ25mm 的耐火球用吊车吊至装填漏斗，通过布袋送入反应器下封头中，将瓷球装至预定高度，然后用木耙扒平，炉内操作人员应保证耐火球自由下落高度小于 0.5m。

③ 用同样方法填装一层Φ12mm 耐火球，高度达到标准，扒平。

④ 用同样方法填装一层Φ8mm 耐火球，高度达到标准，扒平。

⑤ 将催化剂卸出管内分别装填同样高度的 3 种规格耐火球。

⑥ 将瓷球铺平，确认达到所规定的高度。

⑦ 将预制好的两层金属丝网正确地铺在瓷球上，留出催化剂卸出管口，且丝网与反应器内壁搭接长度不小于 150mm。绝对不允许耐火球高出下管板而进入催化剂管内，造成各管间阻力不等，装入的耐火球总体积应与下封头空间体积相当。

2. 催化剂的装填

① 将催化剂运至现场，准备好筛子和帆布，将筛好的催化剂装入上料料斗，将两放置热电偶的催化剂管封闭好，待催化剂管装填完毕最后装填。

② 以瓷球面为基准，按 30cm 间隔事先用彩色笔标记出催化剂各层的装填高度线。

③ 将催化剂装入吊斗，用吊车吊到装填口，由路口工作人员将催化剂溜放到事先安装在路口的漏斗中，经溜槽进入帆布袋到达炉内。

④ 炉内作业人员拉住布袋出口，将催化剂沿反应器圆周均匀散开。

⑤ 每装填 30cm 催化剂后，应立即停止装填，将催化剂表面推平再继续装填，测量并记录下每层催化剂的装填高度及数量。

⑥ 待催化剂管内装填完毕后，在反应器四周画出 700mm 高度标记，将催化剂全部平铺在上管板上，装完后人踩在木板上用木板梳平上平面，使之平整，计算出装填的催化剂重量。

⑦ 在催化剂表面上铺上两层预制好的不锈钢丝网，并确保丝网与容器内壁搭接不小于150mm，在催化剂上部装Φ25mm 瓷球，高度达到设计要求，扒平。

⑧ 将拼装核对后的格栅分批次送入反应器中，安装好后相邻两块栅板之间用Φ2～3mm的不锈钢丝捆扎固定，防止其移动错位。

⑨ 检查反应器内无留下工具和其他物品后，人员撤离并通知各相关管理、技术人员检查确认后，封好上封头及催化剂装填口，由反应器上部接通氮气。

⑩ 利用氮气由上至下吹除催化剂粉尘，从反应器出口处排放，现场环境合格后通知钳工上反应器顶部催化剂加入口人孔，连接出口管线短管，反应器用氮气保压，清理现场催化剂，物品装填完毕。

三、装填时的注意事项与消减措施

① 设备内部作业前一定要进行气体分析。气体分析应每 2h 进行 1 次，保障反应器内工

作人员的通风流畅，工作人员入内装填之前应先办理《受限空间作业许可证》。确认安全后方可进入设备内部作业。

② 装填作业人员进入反应器内要保证装填过程中的安全，取下随身物品，如钥匙、手表、钢笔、手机、硬币等，穿专用工作服，戴安全帽、防尘口罩。高空作业（2m 以上）时作业人员必须办理高空作业票，并佩戴安全带。

③ 作业监护人员应严守岗位，密切注视器内作业人员的动态，若需离开，必须经过相关管理人员批准并派人接替，参加装填人员必须注意相互沟通、联系，保证装填过程安全。

④ 绝对不可使催化剂、瓷球从 0.6m 以上高度坠落。

⑤ 装填操作人员在反应器内工作时，不能直接踩在催化剂上，要在催化剂上铺上木板以防止破坏催化剂，作业完成后，必须把使用过的木板拿出反应器。

⑥ 装填作业过程中，如果遇到下雨、下雪要立即停止作业，临时封闭催化剂填装口，保护催化剂不被淋湿。

⑦ 在热电偶套管周围充填时，注意不要造成“架空”。

⑧ 做好装填记录工作，包括物料的规格、型号和材质，装填的数量、高度、装填时间等数据，保证更换催化剂时有据可查。

⑨ 在装填之前，通常没必要对催化剂进行过筛，但是在运输及装卸过程中，由于不正确的作业可能使催化剂损坏，应对催化剂进行抽检，若发现磨损或破碎则应过筛。

通过合理装填变换催化剂，可以有效地保护催化剂的活性和机械性能，在开停车等一系列操作中受到最小的影响，并延长催化剂的使用寿命，降低生产成本，提高生产稳定连续运行周期。

（注：以上摘自中国论文网。）

六、钝化操作

在化工生产中，开、停车的生产操作是衡量操作工人水平高低的一个重要标准。随着化工先进生产技术的迅速发展，机械化、自动化水平的不断提高，对开、停车的技术要求也越来越高。开、停车进行得是否顺利，准备工作和处理情况如何，对生产的进行都有直接影响。开、停车是生产中最重要的环节。

化工生产中的开、停车包括基建完工后的第一次开车，正常生产中开、停车，特殊情况（事故）下突然停车，大、中修之后的开车等。

化工生产中的开、停车是一个很复杂的操作过程，且随生产的品种不同而有所差异。这部分内容必须载入生产车间的岗位操作规程中。

由于工艺或设备上的事故，都可能引起停车，无论如何精心操作，在停车过程中不可避免会损害催化剂活性，特别是处理不当、未及时置换合成塔内的原料气，将会使催化剂的活性受到严重损害。

系统停车时间较长，生产使用的催化剂又是具有活性的金属或低价金属氧化物，为防止催化剂与空气中的氧反应放热烧坏催化剂和反应器，则需对催化剂进行钝化处理。

石油加工工业中，尤其是加氢催化剂多为低价金属氧化物催化剂，目前加氢精制催化剂已经有不需要钝化的了，加氢裂化催化剂是需要钝化的。加氢精制装置的催化剂是在预硫化结束以后、正常进原料之前，用常/减压直馏柴油进行稳定；主要目的是防止精制原料的烯烃、硫等含量高，造成系统飞温，催化剂结焦等影响催化剂性能。加氢裂化催化剂是分子筛催化剂，活性高，由于担心刚开始进原料油反应太过剧烈，引起催化剂积炭，甚至飞温，所以首次开工时，一般先引低氮油，加注液氨，暂时降低催化剂活性，然后再释放活性。刚开始控制穿透前不要超过精制温度 230℃、裂化温度 205℃，主要是因为催化剂刚刚硫化完，活性非常高，刚开始进料低温状态下也会有一个温波，等温波过去就可以了。当然，一般都会要求等氨穿透再升温，因为没有穿透前升温毕竟是有风险的。

例如，转化催化剂钝化程序如下：系统减量→切氧→切焦炉气→蒸汽钝化 6～8h→氮气置换至 200℃以下（最好转化炉出口温度控制在 50℃以下）→配入空气检测转化炉出口氧含量（约 $100m^3/h$），同时监控转化炉床层温度及出口温度→如没有温升，加大空气配入量→钝化成功可开炉检查转化炉情况。

用含有少量氧的氮气或水蒸气处理，使催化剂缓慢氧化，氮气或水蒸气作为载热体带走热量，逐步降温。

任务二　甲醇合成催化剂停车钝化卸出

【布置任务】甲醇合成催化剂停车钝化卸出。

【分析任务】首先分析甲醇合成反应温度（使用温度是 185～280℃，最佳使用温度是 205～280℃），催化剂活性组分是什么？（还原态镍）停车后要不要钝化？钝化的目的是什么？如何操作控制？钝化后如何卸料？如果钝化不彻底或者不钝化，该如何应对？

【完成任务】第一步：催化剂的钝化。

需要更换催化剂时，在卸出催化剂之前，必须对催化剂进行钝化，防止催化剂与大气接触时剧烈氧化。卸出催化剂前按正常停车程序将系统降至常压，温度降至 60℃以下，继续开循环压缩机，用 N_2 气置换系统合格后，维持系统约 0.5MPa 压力下，慢慢导入空气，按表 7-1 中所列的程序进行钝化。在钝化过程中应严防温升过快，若温升过快，必须降低或切断导入的空气量。

表 7-1　催化剂钝化的流程

反应器出口温度/℃	≤100					
反应器进口氧含量/$\times10^{-2}$	≤0.5	1	2	5	10	21(全部空气)
需要时间①/h	3	7	7	10	5	3

① 根据不同情况钝化时间可作适当调整。

第二步：卸催化剂。

催化剂钝化完毕，打开反应器底部卸料口，放出催化剂。顶部人孔保持密封，防止反应器大量吸入空气。若放出的催化剂温升较高，用少量水喷淋降温。

第三步：未钝化卸料预案。

如果催化剂未经钝化处理，卸出时反应器应进行 N_2 正压保护。只打开反应器底部卸料口，防止空气进入反应器使催化剂氧化损坏反应器。如果床层温度上升太高，应停止卸料，重新充入惰性气体，待催化剂充分冷却后再继续卸料。当催化剂从反应器放出时，应向催化剂上喷洒水以防止燃烧，同时要注意安全，卸出的催化剂应远离易燃物并及时运出现场。

学习情境8

再生催化剂

【知识目标】

1. 能准确表述催化剂失活原因，如中毒、积炭和烧炭基本概念。
2. 能表述延长催化剂寿命的一般操作方法，如吹扫、增加水碳比的不同之处。

【能力目标】

1. 能根据反应的特点初步判断催化剂的失活的可能原因。
2. 能根据催化剂失活的原因选择合适的再生方法。

催化剂在参与反应过程中，先与反应物生成某种不稳定的活性中间络合物，再继续反应生成产物，催化剂恢复到原来的状态。催化剂像这样不断循环起作用，一定量的催化剂可以使大量的反应物转化为大量的产物。根据催化作用定义，催化剂经过一个化学循环再出来，本身不消耗也无变化。实际反应过程中，催化剂并不能无限期地使用，在长期的反应条件下和化学作用下，会发生不可逆的物理和化学变化，如晶相变化、晶粒分散度的变化、组分的流失等，导致催化剂的失活。

由于催化剂经过长期运转后，一些微不足道、难以察觉的变化积累，造成了催化剂活性或选择性下降。所以催化剂的失活不仅指催化剂的活性全部丧失，更多是指催化剂的活性或选择性在使用过程中逐渐下降的现象。所有的催化剂的活性都是随着使用时间的延长而不断下降的，失活的原因是各种各样的。

催化剂能改变化学反应的速度，其自身不进入反应的产物，在理想的情况下不为反应所改变。

一、催化剂失活原因

催化剂的失活原因一般分为中毒、结焦和堵塞、烧结和热失活三大类。

（一）中毒引起的失活

1. 催化剂中毒

催化剂的活性和选择性可能由于外来物质的存在而下降，这种现象称为催化剂中毒。大部分情况下，毒物来自进料中的杂质，也有因反应产物强烈吸附于活性位而导致催化剂中毒。常见的毒物有砷硒氧化物、硫化物、卤素元素及其他化合物。

2. 中毒现象分类

(1) 暂时中毒（可逆中毒）

毒物在活性中心上吸附或化合时，生成的键强度相对较弱，可以采取适当的方法除去毒物，使催化剂活性恢复而不会影响催化剂的性质，这种中毒称为可逆中毒或暂时中毒。

以合成氨反应为例：原料气中衡量的水蒸气存在会使催化剂（可逆）中毒，活性组分 Fe 会和 H_2O 生成 Fe_2O_3，催化剂失活后可与原料气中 H_2 还原成活性 Fe。

(2) 永久中毒（不可逆中毒）

毒物与催化剂活性组分相互作用，形成很强的化学键，难以用一般的方法将毒物除去以使催化剂活性恢复，这种中毒称为不可逆中毒或永久中毒。

以合成氨反应为例：原料气中含有一定量的 H_2S 会使催化剂发生不可逆中毒，活性组分 Fe 会和 H_2S 生成 FeS，造成催化剂失活。

(3) 选择性中毒

催化剂中毒之后可能失去对某一反应的催化能力，但对别的反应仍有催化活性，这种现象称为选择性中毒。在连串反应中，如果毒物仅导致后继反应的活性位中毒，则可使反应停留在中间阶段，获得高产率的中间产物。

以用银催化剂进行乙烯催化氧化制环氧乙烷为例：有副产物 CO_2 和 H_2O 生成。如果向乙烯中加入微量二氯乙烷，会抑制 CO_2 生成的反应，提高生成环氧乙烷的选择性。

(二) 结焦和堵塞引起的失活

高温下有机化合物反应生成的沉积物称为结焦或积炭。以有机物为原料、以固体为催化剂的多相催化反应过程几乎都可能发生结焦。在有机催化反应中如裂化、重整、脱氢、加氢、聚合等除去中毒使催化剂失活外，积炭也是导致催化剂失活的主要原因。由于含碳物质和/或其他物质在催化剂孔中沉积，造成孔径减小（或孔口缩小），使反应物分子不能扩散进入孔中，这种现象称为堵塞。所以常把堵塞归并为结焦中，总的活性衰退称为结焦失活，它是催化剂失活中最普遍和常见的失活形式。通常含碳沉积物可与水蒸气或氢气作用经汽化除去，所以结焦失活是个可逆过程。与催化剂中毒相比，引起催化剂结焦和堵塞的物质要比催化剂毒物多得多。

工业催化裂化所产生的焦炭可认为包括以下四类焦炭。

① 催化焦：烃类在催化剂活性中心上反应前生成的焦炭。

② 附加焦：原料中焦炭前身物经缩合反应产生的焦即残炭。

③ 可汽提焦：因在汽提段汽提不完全而残留在催化剂上的重质烃类。

④ 污染焦：由于重金属沉积在催化剂表面上促进了脱氢和缩合反应而产生的焦。

(三) 烧结和热失活 (固态转变)

催化剂在高温下反应一定时间后，活性组分的晶粒长大，比表面积缩小，这种现象称为催化剂烧结。因烧结引起的失活是工业催化剂特别是负载型金属催化剂失活的主要原因。

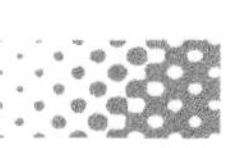

催化剂的烧结和热失活是指由高温引起的催化剂结构和性能的变化。催化剂长期处于高温条件下生产运行，活性金属微晶会融结而导致晶粒长大，减少了催化剂的比表面积。高温除了引起催化剂烧结外，还会引起其他变化，主要有化学组成和相组成的变化、活性组分被载体包埋、活性组分由于生成挥发性物质或可升华的物质而损失等，这些变化称为热失活。但烧结和热失活之间有时难以区分，烧结引起的催化剂变化往往也包含热失活的因素在内。通常温度越高，催化剂烧结越严重。

【例 8-1】 乙烯氧化制环氧乙烷的负载银催化剂，在使用中则会出现银剥落的现象。事实上，在高温下所有的催化剂都将逐渐发生不可逆的结构变化，只是这种变化的快慢程度随着催化剂不同而异。烧结和热失活与多种因素有关，如与催化剂的预处理、还原和再生过程以及所加的助催化剂（促进剂）和载体等有关。

【例 8-2】 催化裂化分子筛催化剂在高温，特别是水蒸气存在的情况下，催化剂表面结构发生变化，比表面积减少，孔容减小，分子筛的晶体结构破坏，导致催化剂的活性和选择性下降，这种失活现象是水热失活。一般水热失活是永久性失活。在高于 800℃时，许多分子筛就开始有明显的晶体破坏现象发生，因此在工业生产过程中，控制好反应温度是很重要的。对于分子筛催化剂，一般在低于 650℃时催化剂失活很慢，在低于 720℃时失活并不严重，但是当温度高于 730℃时失活就比较严重了。

当然，催化剂失活的原因是错综复杂的，也有其他分类方法中提到的诸如结焦、金属污染、毒物吸附、烧结、生成化合物、相转变和相分离、活性组分被包埋、组分挥发、颗粒破裂、结污等因素。每一种催化剂失活并不仅仅按上述分类的某一种进行，往往是由两种或两种以上的原因引起的。

任务一　分析催化剂失活原因

【布置任务】分析汽车尾气三元催化剂失活的原因。

【分析任务】三元催化器的载体部件是一块多孔陶瓷材料，安装在特制的排气管当中。称它是载体，是因为它本身并不参加催化反应，而是在上面覆盖着一层铂、铑、钯等贵重金属。它可以把废气中的 HC（碳氢化合物）、CO 变成水和 CO_2，同时把 NO_x 分解成 N_2 和 O_2。HC、CO 是有毒气体，过多吸入会导致人死亡，而 NO_x 会直接导致光化学烟雾的发生。从考虑汽车尾气催化剂的工作原理出发，发生哪些化学反应，这些化学反应有何特点，分析催化剂失活的可能性因素；从催化剂工作环境角度考虑，哪些因素可能会引起催化剂失活。

【完成任务】引起汽车尾气催化剂失活的原因有如下几点。

1. 温度过高

常温下三元催化转化器不具备催化能力，其催化剂必须加热到一定温度才具有氧化或还原的能力，通常催化转化器的起燃温度在 250～350℃，正常工作温度一般在 400～800℃。催化转化器工作时会产生大量的热量，废气中 HC 和 CO 的含量越高，氧化的温度也越高，当温度超过 1000℃时，其内涂层的催化剂就会烧结坏死，同时也极易发生车辆自燃事故。所以，必须注意控制造成排气温度升高的各种因素，如点火时间过迟或点火次序错乱、断火等，这都会使未燃烧的混合气进入催化反应器，造成排气温度过高，影响催化转化器的效能。

2. 慢性中毒

催化剂对硫、铅、磷、锌等元素非常敏感，硫和铅来自汽油，磷和锌来自润滑油。这4种物质及它们在发动机中燃烧后形成的氧化物颗粒易被吸附在催化剂的表面，使催化剂无法与废气接触，从而失去了催化作用，即所谓的“中毒”现象。

3. 表面积炭

当汽车长期工作于低温状态时，三元催化器无法启动，发动机排出的炭烟会附着在催化剂的表面，造成无法与HC和CO接触，长期下来，会使载体的孔隙堵塞，影响其转化效能。

4. 排气恶化

催化转化器对污染物的转化能力有一定的限度，因此必须通过机内净化技术将原始排气降到最低。如果排放的废气污染物各成分的浓度、总量过大，比如混合气偏浓等，就会影响催化器的催化转化能力，降低其转化效率。此外，废气中有大量的HC和CO进入催化反应器后，会在其中产生过度的氧化反应，氧化反应产生大量热量，将使催化反应器因温度过高而损坏。

5. 区别使用

与发动机不匹配。即使是同样的发动机，同样的三元催化转化器，如果车型不同，发动机常用的工作区间就不同，排气状况就发生变化，安装三元催化器的位置就不同，这都会影响三元催化转化器的催化转化效果。因此，不同的车辆，应使用不同的三元催化转化器。

6. 氧传失效

为使废气催化率达到最佳（90%以上），必须在发动机排气管中安装氧传感器并实现闭环控制。其工作原理是氧传感器将测得的废气中氧的浓度，转换成电信号后发送给ECU（Electronic Control Unit，电子控制单元），使发动机的空燃比控制在一个狭小的、接近理想的区域内（14.7∶1），若空燃比大时，虽然HC和CO的转化率略有提高，但NO_x的转化率急剧下降至20%，因此必须保证最佳的空燃比。实现最佳的空燃比，关键是要保证氧传感器工作正常。如果燃油中含铅、硅，就会造成氧传感器中毒。此外，如果使用不当，还会造成氧传感器积炭、陶瓷碎裂、加热器电阻丝烧断、内部线路断脱等故障。氧传感器的失效会导致空燃比失准，排气状况恶化，催化转化器效率降低，长时间会使催化转化器的使用寿命降低。

任务二　分析低压甲醇合成铜基催化剂失活原因

【布置任务】分析低压甲醇合成铜基催化剂失活原因。

【分析任务】目前，低压甲醇合成铜基催化剂主要组分是CuO、ZnO和Al_2O_3，三组分

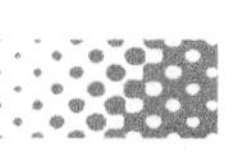

在催化剂中的比例随着生产厂家的不同而异。铜基催化剂在合成甲醇时，CuO、ZnO、Al_2O_3 三组分的作用各不相同。CO 和 H_2 在催化剂上的吸附性质与催化剂的活性有非常密切的关系。合成甲醇的基本反应为：

$$CO+2H_2 = CH_3OH+90.7kJ$$

$$CO_2+3H_2 = CH_3OH+H_2O+49.5kJ$$

合成甲醇反应过程中，通常伴随有副反应发生，副产物主要有醛、酮、醚、烯烃、烷烃（石蜡）、杂醇、高聚物等，副产物含量主要取决于催化剂杂质含量、选择性、使用周期以及工艺操作条件等。甲醇生产过程中，常会发生催化剂中毒、高温烧结等现象，这些非正常现象既缩短了甲醇合成催化剂的使用寿命，又影响了甲醇的质量。

【完成任务】甲醇生产过程中，常会发生催化剂中毒、高温烧结等现象。影响催化剂使用寿命的因素很多，包括热失活、积炭、中毒失活、污染失活、强度下降等。

1. 热失活

催化剂的烧结和热失活是指由高温引起的催化剂结构和性能的变化。高温除了引起催化剂的烧结外，还会引起催化剂化学组成和相组成的变化。虽然 $CuO/ZnO/Al_2O_3$ 铜基甲醇合成催化剂活性好、选择性高，但由于甲醇合成反应的放热量大，容易造成铜基催化剂失活，使催化剂的使用寿命缩短。

2. 中毒失活

铜基催化剂的失活主要是催化剂中有硫、镍和积炭存在，表面出现铜粒长大现象，且毒物完全破坏了催化剂原有的表面结构。在目前的工艺中，导致甲醇合成催化剂中毒失活的因素主要集中在以下几个方面：硫及硫的化合物、氯及氯的化合物、羰基金属等金属毒物、氨、油污。其中，硫是最常见的毒物，也是引起催化剂活性衰退的主要因素，它决定了铜基催化剂的活性和使用寿命。

3. 羰基金属对甲醇催化剂的毒害研究进展

工业上使用的许多催化剂对羰基化合物十分敏感，百万分之几的羰基化合物就可导致催化剂中毒而失活。在采用渣油、煤、焦炭为原料制合成气过程中，常因含羰基铁、羰基镍导致后续工序，如甲醇合成、丁辛醇合成、氨合成等生产过程中的催化剂产生不可逆中毒，不仅缩短了催化剂的使用寿命，而且还引起一些副反应，在很大程度上影响了装置的长周期运行。

羰基铁和羰基镍在低于反应器温度下生成，又在反应器温度下分解而沉积在催化剂表面。这一分解反应很可能是由催化剂自身所催化，逐步被催化剂表面所吸附，堵塞催化剂的表面和孔隙，使催化剂活性下降。由于反应生成热不能被及时带走，又使催化剂床层温度升高，从而影响了催化剂的工业使用寿命。羰基铁、羰基镍对甲醇催化剂活性的影响，证明催化剂的活性衰退正比于催化剂上毒物的沉积量。同时，由于铁和镍是费-托合成反应的活性组分，羰基铁、镍的存在，还可引起许多副反应，如生产烃类和石蜡烃等反应，给分离工序增加了困难。

二、催化剂再生

当催化剂活性下降后经过某种处理又恢复了活性，这一处理操作称为再生。再生对于延长催化剂的寿命、降低生产成本是一种重要的手段。催化剂能否再生，由失活的原因决定，如可逆中毒、积炭均可再生。实际上再生后的催化剂往往不能恢复到它的初始活性，使用后再一次再生，重复数次后，当其活性不能恢复到生产的技控指标时，需要更换。

工业上常见的催化剂再生处理如下。

1. 蒸汽处理

蒸汽处理积炭现象，其反应式如下：

$$C+2H_2O \longrightarrow CO_2+2H_2$$

通常在使用过程中增大水碳比，增加水蒸气用量，去除积炭。

天然气、蒸汽转化反应，催化剂的活性组分一般是金属镍，硫化物是主要的毒物，当催化剂中毒后，会破坏转化管内积炭和消炭反应的动态平衡，若不及时消除积炭，将导致催化剂床层积炭，并产生热带。一般视硫中毒的程度采用不同的再生方法。轻微中毒，换用净化合格原料气，提高水碳比，运转一段时间后可恢复中毒前活性；中度中毒，停车再在低压、700～770℃条件下，以纯水蒸气再生催化剂，然后重新用含水蒸气的 H_2 还原并再生，活化后再按规定程序投入正常运作；重度中毒，一般伴生积炭，先烧炭再按中度硫中毒再生程序处理。如果是砷中毒，影响与硫相似，但砷中毒是不可逆的，砷中毒后应更换催化剂并洗刷转化炉管。

2. 空气处理

当催化剂表面吸附了炭或碳氢化合物，阻塞了微孔结构时，可通入空气进行燃烧或氧化，使催化剂表面的炭及类焦状化合物与氧气反应，将炭转化成二氧化碳放出。空气烧炭热效应大、反应激烈，对催化剂危害大，一般不宜使用。必要时，可在蒸汽中配入少量空气。

经烧炭处理后，催化剂仍不能恢复正常操作时，应卸出更换催化剂。

当因事故发生严重热力学积炭使转化管完全堵塞时，则无法烧炭，必须进行更换。

3. 通入氢气或不含毒物的还原性气体

合成氨使用的熔铁催化剂，当原料气中含氧或氧的化合物浓度过高受到毒害时，可停止通入该气体，而改用合格的 N_2-H_2 混合气体进行处理，催化剂可获得再生。有时候用加氢的方法，也是除去催化剂中含焦油状物质的一种有效途径。

4. 用酸或碱处理

如加氢用的骨架镍催化剂被毒化后，通常采用酸或碱除去毒物。另外，离子交换树脂制备的催化剂通常用酸或碱再生处理。

任务三　重油催化裂化催化剂再生

【布置任务】重油催化裂化催化剂再生操作。

反再系统流程图如图 8-1 所示。

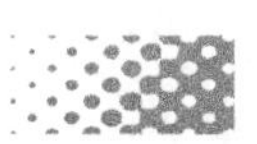

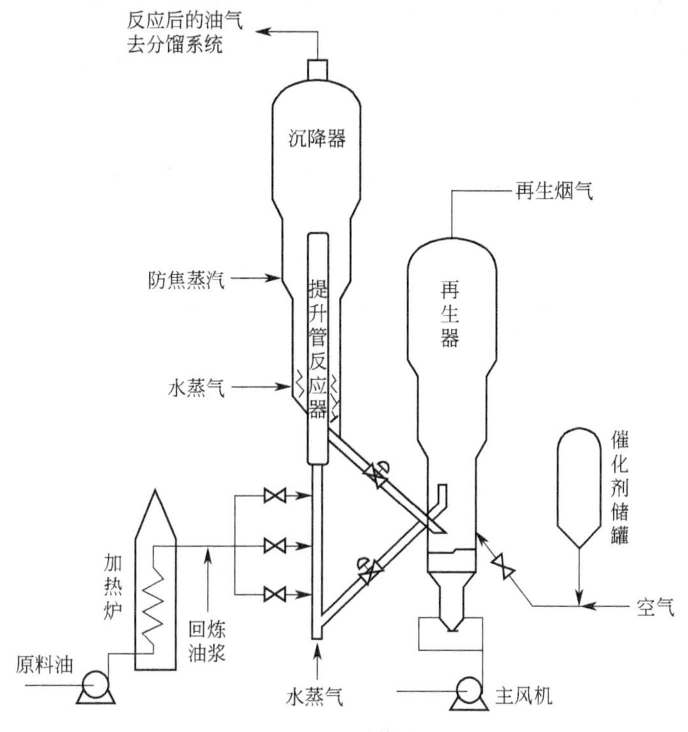

图 8-1　反再系统流程图

【分析任务】

1. 认识流程图

新鲜原料油经换热后与回炼油浆混合，经加热炉加热至 180～320℃后至催化裂化提升管反应器下部的喷嘴，原料油由蒸汽雾化并喷入提升管内，在其中与来自再生器的高温催化剂（600～750℃）接触，随即汽化并进行反应。油气在提升管反应器内的停留时间很短，一般只有几秒钟。反应产物经旋风分离器分离出夹带的催化剂后离开沉降器去分馏塔。

积有焦炭的催化剂（称待生催化剂）由沉降器落入下面的汽提段。汽提段内装有多层人字形挡板并在底部通入过热水蒸气，待生催化剂上吸附的油气和颗粒之间的空间内的油气被水蒸气置换出而返回上部。经汽提后的待生催化剂通过待生斜管进入再生器。

再生器的主要作用是烧去催化剂上因反应而生成的积炭，使催化剂的活性得以恢复。再生用空气由主风机供给，空气通过再生器下面的辅助燃烧室及分布管进入流化床层。对于热平衡式装置，辅助燃烧室只是在开工升温时才使用，正常运转时并不烧燃料油。再生后的催化剂（称再生催化剂）落入淹流管，经再生斜管送回反应器循环使用。再生烟气经旋风分离器分离出夹带的催化剂后，经双动滑阀排入大气。在加工生焦率高的原料时，例如加工含渣油的原料时，因焦炭产率高，再生器的热量过剩，必须在再生器中设取热设施以取走过剩的热量。再生烟气的温度很高，不少催化裂化装置设有烟气能量回收系统，利用烟气的热能和压力能（当设能量回收系统时，再生器的操作压力应较高些）做功，驱动主风机以节约电能，甚至可对外输出剩余电力。对一些不完全再生的装置，再生烟气中含有 5%～10%（体积分数）的 CO，可以设 CO 锅炉使 CO 完全燃烧以回收能量。

在生产过程中，催化剂会有损失及失活，为了维持系统内的催化剂的藏量和活性，需要定期地或经常地向系统补充或置换新鲜催化剂。为此，装置内至少应设两个催化剂储罐。装卸催化剂时采用稀相输送的方法，输送介质为压缩空气。在流化催化裂化装置的自动控制系统中，除了有与其他炼油装置相类似的温度、压力、流量等自动控制系统外，还有一整套维持催化剂正常循环的自动控制系统和当发生流化失常时的自动保护系统。此系统一般包括多个自保系统，例如反应器进料低流量自保系统、主风机出口低流量自保系统、两器差压自保系统等。以反应器进料低流量自保系统为例，当进料量低于某个下限值时，在提升管内就不能形成足够低的密度，正常的两器压力平衡被破坏，催化剂不能按规定的路线进行循环，而且还会发生催化剂倒流并使油气大量带入再生器而引起事故。此时，进料低流量自保系统就自动进行以下动作：切断反应器进料并使进料返回原料油罐（或中间罐）；向提升管通入事故蒸气以维持催化剂的流化和循环。

2. 分析焦炭来源和去除原理

催化剂上的焦炭来源于以下 4 个方面：

① 在酸性中心上由催化裂化反应生成的焦炭；

② 由原料中高沸点、高碱性化合物在催化剂表面吸附，经过缩合反应生成的焦炭；

③ 因汽提段汽提不完全而残留在催化剂上的重质烃类，是一种富氢焦炭；

④ 由于镍、钒等重金属沉积在催化剂表面上造成催化剂中毒，促使脱氢和缩合反应的加剧，而产生的次生焦炭；或者是由于催化剂的活性中心被堵塞和中和，所导致的过度热裂化反应所生成的焦炭。

上述 4 种来源的焦炭通常被分别称为催化焦、附加焦（也称为原料焦）、剂油比焦（也称为可汽提焦）和污染焦。催化裂化装置因加工的原料、催化剂种类和生产工艺条件不同，焦炭的组成也不同。对于蜡油催化裂化，其焦炭以催化焦为主；对于重油催化裂化，随着渣油掺炼比例的增大，原料焦和污染焦（以及液焦）增多。

焦炭的主要元素是碳和氢。在燃烧过程中氢被氧化成水，碳则被氧化为CO和CO_2。焦炭燃烧反应可表示为：

$$\text{焦炭}+O_2 \begin{cases} \nearrow CO \searrow \\ \longrightarrow CO_2 \\ \searrow H_2O \end{cases}$$

其中 $CO \rightarrow CO_2$ 在 560℃以下反应速度很慢。

另外还有：

$$CO_2 + C \rightleftharpoons 2CO$$
$$C + H_2O \rightleftharpoons CO + H_2$$

以上两个反应的速度在正常再生温度下都很慢。除此以外，还有焦炭中少量杂原子例如硫、氮的燃烧。

3. 催化剂再生的影响因素

① 再生温度。再生温度对催化剂再生烧焦速度影响很大，提高再生温度可提高烧焦速度。

对于常规催化裂化，再生温度 650℃，每提高 10℃，在其他相同条件下，烧炭强度约提高 20%。对于重油催化裂化装置，采用单段完全再生的装置再生温度约 650℃；对于采用两

个再生器串联再生的装置，在一号再生器内焦炭中氢已基本烧掉，二号再生器可适当提温操作，受催化剂水热稳定性和再生器设备材质的限制，再生温度一般不应高于 720℃。

② 氧分压。再生烧焦速度与氧分压成正比。提高烧焦空气中的氧含量和（或）提高再生压力，在其他相同条件下，可提高烧焦速度。

提高再生压力，就要提高主风机的出口压力。再生压力取决于两器压力平衡和主风机允许的最高出口风压，只有在生产负荷变化较大时才作调整。

富氧再生是在再生器烧焦主风中引入适量的纯氧，在其他相同条件下，由于再生烧焦主风中氧分压提高，可明显提高再生器的烧焦能力及催化剂的烧焦速度和再生效果。采用富氧再生的优点是在氧气供应有保障时，可大幅度提高重油（如减压渣油）的处理能力。对于老装置的原料重质化和扩能改造，可通过减少设备投资、缩短改造周期来实现；再生催化剂烧焦强度提高，可提高装置的操作弹性和催化剂再生效果。

③ 再生催化剂含碳量。再生催化剂含碳量越高，烧焦速度越快。但催化剂再生的目的是降低再生催化剂含碳量以提高催化剂的活性和选择性。因此，应改善再生床层流化状态以提高烧焦速度。

采用两段再生的装置，第一段烧掉约 70%的碳，第二段可利用一段催化剂的高温和较高的烧焦空气氧含量来提高烧炭强度。

对于采用单器完全再生的装置，待生催化剂进入再生器采用分散良好的分布器，实现逆流烧焦。待生催化剂先与贫氧主风接触，烧掉大部分氢和部分碳，再与富氧主风接触烧掉全部的氢和大部分碳，可提高催化剂的再生烧焦效果。

④ 再生烧焦时间。再生烧焦时间是循环催化剂在再生器内的停留时间。为再生器催化剂藏量与催化剂循环量之比。

在其他条件相同时，提高再生器催化剂藏量，可延长催化剂再生烧焦时间，降低再生催化剂含碳量。但对于采用单器完全再生的装置，催化剂在高温和水蒸气氛围中停留时间过长，将造成催化剂更快地水热失活。为此，重油催化裂化装置可采用两段再生，在提高再生烧焦效果的同时，减轻了催化剂的水热失活。

【完成任务】

1. 再生工艺简述

再生器阶段，催化剂因在反应过程中表面会附着油焦而活性降低，所以必须进行再生处理。首先，主风机将压缩空气送入辅助燃烧室进行高温加热，经辅助烟道通过主风分布管进入再生器烧焦罐底部，从反应器过来的催化剂在高温大流量主风的作用下被加热上升，同时通过器壁分布的燃油喷嘴喷入燃油调节反应温度。这样催化剂表面附着的油焦在高温下燃烧分解为烟气，烟气和催化剂的混合物继续上升进入再生器继续反应，油焦未能充分反应的催化剂经循环斜管会重新进入烧焦罐再次处理。最后，烟气及处理后的催化剂进入再生器顶部的旋风分离器进行气固分离，烟气进入集气室汇合后排入烟道，催化剂进入再生斜管送至提升管。（注：再生器排除的烟气一般还要经三级旋风分离器再次分离回收催化剂。高温高速的烟气主要有两种路径：①进入烟机，推动烟机旋转带动发电机或鼓风机；②进入余热锅炉进行余热回收，最后废气经工业烟囱排放。）

2. 催化剂的循环与回收操作

催化剂的两器循环过程如下。积炭的待生催化剂经沉降器粗旋料腿进入汽提段，汽提后的催化剂分为两路。大部分沿待生斜管下流经待生滑阀进入再生器的烧焦罐下部，与自二密相来的再生催化剂、外取热来的催化剂混合烧焦，含碳量较低的催化剂在烧焦罐顶部经大孔分布板进入二密相。再生催化剂经再生斜管及再生滑阀进入提升管反应器底部，在干气的提升下，完成催化剂加速、分散过程，然后与雾化原料接触。另一部分待生催化剂通过待生外循环管和待生循环滑阀返回到第二反应区的下部。这样，催化剂在两器间建立了循环流程。

催化剂在再生器内循环过程如下。再生器多余热量由外取热器取出，热催化剂自再生器二密相进入外取热器，冷催化剂返回到分布管上方。这样，催化剂在再生器中建立了内循环流程。

催化剂跑损：部分催化剂粉末被反应后的油气携带进入分馏塔底，还有另外一部分催化剂粉末进入烟气能量回收系统，造成催化剂跑损。

催化剂的加料、卸料与回收：开工用的催化剂由冷催化剂罐或热催化剂罐用非净化压缩空气输送至再生器；正常补充催化剂可由催化剂小型自动加料器输送至再生器。为保持催化剂活性，需从再生器内不定期卸出部分催化剂，由非净化压缩空气输送至废催化剂罐。此外，由三级旋风分离器回收的催化剂，由三旋催化剂储料罐用非净化压缩空气间断送至废催化剂罐。然后由槽车运至适宜的地方处理。

3. 再生部分操作参数及调节

① 再生温度。再生温度是影响烧焦速率的重要因素。提高再生温度可大幅度提高烧焦速率，是降低再生催化剂含碳的重要手段。再生温度也是影响催化剂失活和剂油比的主要因素。再生温度过高，会造成催化剂失活加快、剂油比减小、反应条件难以优化。再生温度还是两器热平衡的体现，正常运行的装置热量不足时再生温度降低，热量过剩则再生温度升高。一般调节外取热器取热量控制再生温度。

② 再生压力。烧焦速率与再生烟气氧分压成正比，氧分压是再生压力与再生烟气氧分子浓度的乘积。所以，提高再生压力可提高烧焦速率。再生器与反应器是一个相互关联的系统，再生压力还是影响两器压力平衡的重要参数。再生器压力大幅度波动直接影响再生效果及催化剂跑损，也将影响到装置的安全运行。

再生压力一般采用双动滑阀和烟机入口蝶阀分程控制方案。用烟机入口蝶阀小幅度调节再生器压力，再生器压力大幅度升高，烟机入口蝶阀全开后，自动切换为用双动滑阀控制。

③ 烟气过剩氧。要烧掉催化剂上的焦炭，就要为再生器提供足够的空气（氧气）。烟气过剩氧是衡量供氧是否恰当的标志。一般用主风流量来控制过剩氧含量，而主风流量一般是通过主风机静叶转角开度控制。操作中能平稳控制再生烟气过剩氧，说明解决好了烧焦需氧与供氧的平衡。

④ 再生器藏量。再生器藏量决定了催化剂在再生器中的停留时间。提高藏量可延长烧焦时间，增加烧焦能力，降低再生催化剂含碳量。但在高温下催化剂停留时间过长会导致催化剂失活。再生器藏量也不宜过低，否则除烧焦能力下降外，装置操作弹性会变小。再生器藏量一般不直接控制，根据再生条件确定合理的再生器藏量值，通过小型加料补充维持平衡。烧焦罐装置及两段再生装置对藏量控制有特殊要求。

⑤ 炭堆积。炭堆积是因生焦和烧焦不平衡而引起的再生催化剂含碳量大幅度增加的一种现象。炭堆积的原因有 3 种：一是生焦量突然大幅度增加（该种情况较多）；二是主风量不足；三是再生器烧焦能力不足。

炭堆积时，再生剂活性下降，反应转化率降低，回炼油罐液位上升，富气、汽油产量下降。现代的催化裂化装置再生器烧焦能力大，多采用富氧完全再生，主风能力充足，炭堆积的情况较少发生。

⑥ 稀密相温差与二次燃烧。稀密相温差是 CO 在密相、稀相燃烧程度的一个反映。运转良好的再生器 CO 应该在密相床燃烧成 CO_2，再生器稀密相温差很小。常规再生时稀密相一般为负温差。在采用 CO 助燃剂的再生过程中，CO 基本在密相床烧尽。这时采用直接调节主风总流量方式控制。

⑦ 两器压力平衡。两器压力平衡的内容包括：设定合理的两器压力及合理调整催化剂输送系统。压力平衡解决不好，两器系统就无法正常操作；催化剂从一器向另一器倒流，破坏料封，空气、油气倒串造成事故，所以压力平衡又是装置安全运行的关键。

两器压力平衡状况很大程度上是由装置设计决定的。已有装置所能做的工作是平稳操作，调整好催化剂管道各松动点使催化剂密度适宜、流动通畅。调整两器压力使各滑阀或塞阀压力降均衡；将单、双动滑阀或塞阀设为自动控制状态，自动联锁保护系统投入运行。

【拓展阅读】

纳米材料

纳米材料具有传统材料所不具备的奇异或反常的物理、化学特性，如原本导电的铜到某一纳米级界限就不导电，原来绝缘的二氧化硅、晶体等，在某一纳米级界限时开始导电。这是由于纳米材料具有颗粒尺寸小、比表面积大、表面能高、表面原子所占比例大等特点，以及其特有的三大效应，即表面效应、小尺寸效应和宏观量子隧道效应。

1. 表面效应

球形颗粒的表面积与直径的平方成正比，其体积与直径的立方成正比，故其比表面积（表面积/体积）与直径成反比。随着颗粒直径变小，比表面积将会显著增大，说明表面原子所占的百分数将会显著地增加。对直径大于 0.1μm 的颗粒表面效应可忽略不计，当尺寸小于 0.1μm 时，其表面原子百分数激剧增长，甚至 1g 超微颗粒表面积的总和可高达 $100m^2$，这时的表面效应将不容忽略。

超微颗粒的表面与大块物体的表面是十分不同的，若用高倍率电子显微镜对金超微颗粒（直径为 $2\times10^{-3}\mu m$）进行电视摄像，实时观察发现这些颗粒没有固定的形态，随着时间的变化会自动形成各种形状（如立方八面体、十面体、二十面体晶粒等），它既不同于一般固体，又不同于液体，是一种准固体。在电子显微镜的电子束照射下，表面原子仿佛进入了“沸腾”状态，尺寸大于 10nm 后才看不到这种颗粒结构的不稳定性，这时微颗粒具有稳定的结构状态。

超微颗粒的表面具有很高的活性，在空气中金属颗粒会迅速氧化而燃烧。如要防止自燃，可采用表面包覆或有意识地控制氧化速率，使其缓慢氧化生成一层极薄而致密的氧化层，确保表面稳定化。利用表面活性，金属超微颗粒可望成为新一代的高效催化剂和贮气材料以及低熔点材料。

2. 小尺寸效应

随着颗粒尺寸的量变，在一定条件下会引起颗粒性质的质变。由于颗粒尺寸变小所引起的宏观物理性质的变化称为小尺寸效应。对超微颗粒而言，尺寸变小，同时其比表面积亦显著增加，从而产生如下一系列新奇的性质。

(1) 特殊的光学性质

当黄金被细分到小于光波波长的尺寸时，即失去了原有的富贵光泽而呈黑色。事实上，所有的金属在超微颗粒状态都呈现为黑色。尺寸越小，颜色越黑，银白色的铂（白金）变成铂黑，金属铬变成铬黑。由此可见，金属超微颗粒对光的反射率很低，通常可低于1%，大约几微米的厚度就能完全消光。利用这个特性可以制作高效率的光热、光电等转换材料，高效率地将太阳能转变为热能、电能；此外，也有可能应用于红外敏感元件、红外隐身技术等。

(2) 特殊的热学性质

固态物质在其形态为大尺寸时，熔点是固定的，超细微化后却发现其熔点显著降低，当颗粒小于10nm量级时尤为显著。例如，金的常规熔点为1064℃，当颗粒尺寸减小到10nm尺寸时，则降低27℃，2nm尺寸时的熔点仅为327℃左右；银的常规熔点为670℃，而超微银颗粒的熔点可低于100℃。因此，超细银粉制成的导电浆料可以进行低温烧结，此时元件的基片不必采用耐高温的陶瓷材料，甚至可用塑料。采用超细银粉浆料，可使膜厚均匀，覆盖面积大，既省料又具高质量。日本川崎制铁公司采用0.1～1μm的铜、镍超微颗粒制成导电浆料可代替钯与银等贵金属。超微颗粒熔点下降的性质对粉末冶金工业具有一定的吸引力。例如，在钨颗粒中附加0.1%～0.5%重量比的超微镍颗粒后，可使烧结温度从3000℃降低到1200～1300℃，以致可在较低的温度下烧制成大功率半导体管的基片。

(3) 特殊的磁学性质

人们发现鸽子、海豚、蝴蝶、蜜蜂以及生活在水中的趋磁细菌等生物体中存在超微的磁性颗粒，使这类生物在地磁场导航下能辨别方向，具有回归的本领。磁性超微颗粒实质上是一个生物磁罗盘，生活在水中的趋磁细菌依靠它游向营养丰富的水底。通过电子显微镜的研究表明，在趋磁细菌体内通常含有直径约为$2\times10^{-2}\mu m$的磁性氧化物颗粒。小尺寸的超微颗粒磁性与大块材料显著不同，大块的纯铁矫顽力约为80A/m，而当颗粒尺寸减小到$2\times10^{-2}\mu m$以下时，其矫顽力可增加一千倍，若进一步减小其尺寸，大约小于$6\times10^{-3}\mu m$时，其矫顽力反而降低到零，呈现出超顺磁性。利用磁性超微颗粒具有高矫顽力的特性，已制成高储存密度的磁记录磁粉，大量应用于磁带、磁盘、磁卡以及磁性钥匙等。利用超顺磁性，人们已将磁性超微颗粒制成用途广泛的磁性液体。

(4) 特殊的力学性质

陶瓷材料在通常情况下呈脆性，然而由纳米超微颗粒压制成的纳米陶瓷材料却具有良好的韧性。因为纳米材料具有大的界面，界面的原子排列是相当混乱的，原子在外力变形的条件下很容易迁移，因此表现出甚佳的韧性与一定的延展性，使陶瓷材料具有新奇的力学性质。美国学者报道氟化钙纳米材料在室温下可以大幅度弯曲而不断裂。研究表明，人的牙齿之所以具有很高的强度，是因为它是由磷酸钙等纳米材料构成的。呈纳米晶粒的金属要比传统的粗晶粒金属硬3～5倍。至于金属-陶瓷等复合纳米材料则可在更大的范围内改变材料的力学性质，其应用前景十分宽广。

超微颗粒的小尺寸效应还表现在超导电性、介电性能、声学特性以及化学性能等

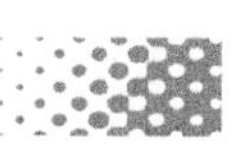

方面。

3. 宏观量子隧道效应

各种元素的原子具有特定的光谱线，如钠原子具有黄色的光谱线。原子模型与量子力学已用能级的概念进行了合理的解释，由无数的原子构成固体时，单独原子的能级就合并成能带，由于电子数目很多，能带中能级的间距很小，因此可以看作是连续的。从能带理论出发成功地解释了大块金属、半导体、绝缘体之间的联系与区别，对介于原子、分子与大块固体之间的超微颗粒而言，大块材料中连续的能带将分裂为分立的能级；能级间的间距随颗粒尺寸减小而增大。当热能、电场能或者磁场能比平均的能级间距还小时，就会呈现一系列与宏观物体截然不同的反常特性，称为量子尺寸效应。例如，导电的金属在超微颗粒时可以变成绝缘体，磁矩的大小和颗粒中电子是奇数还是偶数有关，比热亦会反常变化，光谱线会产生向短波长方向的移动，这就是量子尺寸效应的宏观表现。因此，对超微颗粒在低温条件下必须考虑量子效应，原有宏观规律已不再成立。

电子具有粒子性又具有波动性，因此存在隧道效应。近年来，人们发现一些宏观物理量，如微颗粒的磁化强度、量子相干器件中的磁通量等亦显示出隧道效应，称之为宏观的量子隧道效应。量子尺寸效应、宏观量子隧道效应将会是未来微电子、光电子器件的基础，或者它确立了现存微电子器件进一步微型化的极限，当微电子器件进一步微型化时必须要考虑上述的量子效应。例如，在制造半导体集成电路时，当电路的尺寸接近电子波长时，电子就通过隧道效应而溢出器件，使器件无法正常工作，经典电路的极限尺寸大概在0.25μm。目前研制的量子共振隧穿晶体管就是利用量子效应制成的新一代器件。

原子经济性

原子经济性是绿色化学以及化学反应的一个专有名词。绿色化学的“原子经济性”是指，在化学品合成过程中，合成方法和工艺应被设计成能把反应过程中所用的所有原材料尽可能多地转化到最终产物中。

原子经济性(%)=被利用原子的质量/反应中所用全部反应物原子的质量×100%

原子利用率达到100%的反应有两个最大的特点：

① 最大限度地利用了反应原料，最大限度地节约了资源；

② 最大限度地减少了废物排放（“零废物排放”），因而最大限度地减少了环境污染，或者说从源头上消除了由化学反应副产物引起的污染。

举例：

$$H_3C-\underset{H}{C}=CH_2 \xrightarrow[\text{催化剂 TP}]{O_2} H_3C-\overset{H}{C}\underset{O}{\diagdown\!\diagup}CH_2$$

环氧丙烷是生产聚氨酯塑料的重要原料，传统上主要采用二步反应的氯醇法，不仅使用可能带来危险的氯气，而且还产生大量污染环境的含氯化钙废水，国内外均在开发催化氧化丙烯制环氧丙烷的原子经济反应新方法。

参考文献

[1] 王尚弟，孙俊全．催化剂工程导论．北京：化学工业出版社，2006.

[2] 王尚弟，孙俊全，王正宝．催化剂工程导论．北京：化学工业出版社，2015.

[3] 秦永宁．生物催化剂——酶催化手册．北京：化学工业出版社，2015.

[4] 黄仲涛．工业催化．北京：化学工业出版社，2014.

[5] 谈文芳．炼油催化剂生产装置技术手册．北京：中国石化出版社，2016.

[6] 朱洪法，刘丽芝．催化剂制备及其应用技术．北京：中国石化出版社，2011.

[7] 王桂茹．催化剂与催化作用．大连：大连理工大学出版社，2015.

[8] 程利平．无机化学．北京：化学工业出版社，2017.

[9] 徐忠娟．化工单元过程及设备的选择与操作．北京：化学工业出版社，2015.

[10] 张继光．催化剂制备过程技术．北京：中国石化出版社，2006.

[11] 陈诵英，王琴．固体催化剂制备原理和技术．北京：化学工业出版社，2012.

[12] ［日］佐田俊胜．离子交换膜：制备，表征，改性和应用．北京：化学工业出版社，2015.

[13] 徐如人，庞文琴，霍启升，等．分子筛与多孔材料化学．第2版．北京：科学出版社，2015.

[14] ［美］K. J. 克莱邦德．纳米材料化学．陈建峰译．北京：化学工业出版社，2004.

[15] 李豫晨，陆善祥．FCC催化剂失活与再生．工业催化，2006，14（11）：26.

[16] 陈晓珍，崔波，石文平，等．催化剂的失活原因分析．工业催化，2001，9（5）：9.

[17] 张卓绝，王振新．Pd/C催化剂失活原因探讨．聚酯工业，2001，14（6）：5.

[18] 周广林，房德仁，程玉春，等．铜基甲醇合成催化剂失活原因的探讨．工业催化，1999，（4）：56.